HISTÓRIA NA EDUCAÇÃO MATEMÁTICA

PROPOSTAS E DESAFIOS

COLEÇÃO TENDÊNCIAS EM EDUCAÇÃO MATEMÁTICA

HISTÓRIA NA EDUCAÇÃO MATEMÁTICA

PROPOSTAS E DESAFIOS

Antonio Miguel
Maria Ângela Miorim

3ª edição
1ª reimpressão

autêntica

Copyright © 2004 Antonio Miguel, Maria Ângela Miorim
Copyright © 2004 Autêntica Editora

Todos os direitos reservados pela Autêntica Editora Ltda. Nenhuma parte desta publicação poderá ser reproduzida, seja por meios mecânicos, eletrônicos, seja via cópia xerográfica, sem a autorização prévia da Editora.

COORDENADOR DA COLEÇÃO TENDÊNCIAS
EM EDUCAÇÃO MATEMÁTICA
Marcelo de Carvalho Borba
(Pós-Graduação em Educação
Matemática/Unesp, Brasil)
gpimem@rc.unesp.br

CONSELHO EDITORIAL
Airton Carrião (COLTEC/UFMG, Brasil), Hélia Jacinto (Instituto de Educação/Universidade de Lisboa, Portugal), Jhony Alexander Villa-Ochoa (Faculdade de Educação/Universidade de Antioquia, Colômbia), Maria da Conceição Fonseca (Faculdade de Educação/UFMG, Brasil), Ricardo Scucuglia da Silva (Pós-Graduação em Educação Matemática/Unesp, Brasil)

EDITORAS RESPONSÁVEIS
Rejane Dias
Cecília Martins

REVISÃO
Dila Bragança de Mendonça

CAPA
Diogo Droschi

DIAGRAMAÇÃO
Camila Sthefane Guimarães

Dados Internacionais de Catalogação na Publicação (CIP)
(Câmara Brasileira do Livro, SP, Brasil)

Miguel, Antonio

História na Educação Matemática : propostas e desafios / Antonio Miguel, Maria Ângela Miorim. -- 3. ed.; 1. reimp. -- Belo Horizonte : Autêntica Editora, 2024. -- (Coleção Tendências em Educação Matemática)

ISBN 978-85-513-0658-1

1. Educação matemática 2. Matemática - Estudo e ensino 3. Matemática - Filosofia 4. Matemática - História 5. Prática de ensino 6. Professores - Formação 7. Sala de aula - Direção I. Miorim, Maria Ângela. II. Borba, Marcelo de Carvalho. III. Título. IV. Série.

19-30395
CDD-510.9

Índices para catálogo sistemático:
1. Matemática : História 510.9
Iolanda Rodrigues Biode - Bibliotecária - CRB-8/10014

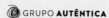

Belo Horizonte
Rua Carlos Turner, 420
Silveira . 31140-520
Belo Horizonte . MG
Tel.: (55 31) 3465 4500

São Paulo
Av. Paulista, 2.073 . Conjunto Nacional
Horsa I . Sala 309 . Bela Vista
01311-940 . São Paulo . SP
Tel.: (55 11) 3034 4468

www.grupoautentica.com.br
SAC: atendimentoleitor@grupoautentica.com.br

Nota do coordenador

A produção em Educação Matemática cresceu consideravelmente nas últimas duas décadas. Foram teses, dissertações, artigos e livros publicados. Esta coleção surgiu em 2001 com a proposta de apresentar, em cada livro, uma síntese de partes desse imenso trabalho feito por pesquisadores e professores. Ao apresentar uma tendência, pensa-se em um conjunto de reflexões sobre um dado problema. Tendência não é moda, e sim resposta a um dado problema. Esta coleção está em constante desenvolvimento, da mesma forma que a sociedade em geral, e a, escola em particular, também está. São dezenas de títulos voltados para o estudante de graduação, especialização, mestrado e doutorado acadêmico e profissional, que podem ser encontrados em diversas bibliotecas.

A coleção Tendências em Educação Matemática é voltada para futuros professores e para profissionais da área que buscam, de diversas formas, refletir sobre essa modalidade denominada Educação Matemática, a qual está embasada no princípio de que todos podem produzir Matemática nas suas diferentes expressões. A coleção busca também apresentar tópicos em Matemática que tiveram desenvolvimentos substanciais nas últimas décadas e que podem se transformar em novas tendências curriculares dos ensinos fundamental, médio e superior. Esta coleção é escrita por pesquisadores em Educação Matemática e em outras áreas da Matemática, com larga experiência docente, que pretendem estreitar as interações entre a Universidade – que produz pesquisa – e os diversos cenários em que se realiza essa educação. Em alguns livros, professores da educação básica se tornaram também autores. Cada livro indica uma extensa bibliografia na qual o leitor poderá buscar um aprofundamento em certas tendências em Educação Matemática.

Neste livro, os autores discutem diversos temas que interessam ao educador matemático. Eles abordam História da Matemática, História da Educação Matemática e como essas duas regiões de inquérito podem se relacionar com a Educação Matemática. O leitor irá notar que eles também apresentam uma visão sobre o que é História e abordam esse difícil tema de uma forma acessível ao leitor interessado. Este décimo volume da coleção certamente transformará a visão do leitor sobre o uso de História na Educação Matemática.

Marcelo C. Borba*

---

* Marcelo de Carvalho Borba é licenciado em Matemática pela UFRJ, mestre em Educação Matemática pela Unesp (Rio Claro, SP) doutor, nessa mesma área pela Cornell University (Estados Unidos) e livre-docente pela Unesp. Atualmente, é professor do Programa de Pós-Graduação em Educação Matemática da Unesp (PPGEM), coordenador do Grupo de Pesquisa em Informática, Outras Mídias e Educação Matemática (GPIMEM) e desenvolve pesquisas em Educação Matemática, metodologia de pesquisa qualitativa e tecnologias de informação e comunicação. Já ministrou palestras em 15 países, tendo publicado diversos artigos e participado da comissão editorial de vários periódicos no Brasil e no exterior. É editor associado do ZDM (Berlim, Alemanha) e pesquisador 1A do CNPq, além de coordenador da Área de Ensino da CAPES (2018-2022).

Sumário

Introdução 9

Capítulo I
História na Matemática escolar 15
Introdução 15
A Matemática escolar e os métodos
matemáticos historicamente produzidos 27
História, positivismo e Matemática escolar 36
História, compreensão, significação e resolução de problemas 41
História e desmistificação da Matemática 48
História e diversidade de abordagens 53
A natureza dos argumentos reforçadores das
potencialidades pedagógicas da História 56
Argumentos questionadores das
potencialidades pedagógicas da História 58

Capítulo II
Ampliando e aprofundando o debate relativo à
participação da História na Educação Matemática escolar:
prática de investigação acadêmica e perspectivas teóricas 65
Introdução 65
A questão teórica básica do campo de
investigação *História na Educação Matemática* 66
O princípio recapitulacionista e a ilusão arcaica 69
Perspectivas teóricas no interior do campo de
investigação *História na Educação Matemática* 75
Considerações adicionais 137

Capítulo III
História, cultura matemática e Educação Matemática
na instituição escolar: reflexões e desafios 141
Introdução 141
A concepção de história pedagogicamente vetorizada 146
História pedagogicamente vetorizada e história-problema 149
História-problema pedagogicamente
vetorizada, poder e práticas sociais 153
Comunidades de memórias e práticas sociais 157
Algumas reflexões finais 165

Referências 169

Leituras complementares 177

Introdução

Graham Bell – nome que sobrevive à memória da comunidade científica e tecnológica internacional por ter sido o inventor do telefone – disse um dia:

Nunca ande pelo caminho traçado, pois ele conduz somente até onde os outros foram.

Sem entrar no mérito da questão de se a própria invenção do telefone – este artefato tecnológico que permitiu que a comunicação entre as pessoas se realizasse a distância – teria sido possível se Bell não tivesse trilhado caminhos já por outros percorridos, a maior parte dos interlocutores distantes chamados a interagir conosco neste livro procuram, de certa forma, desmentir o aforismo de Bell. Isso porque eles parecem acreditar, de fato, que os caminhos percorridos influenciam, de algum modo, os que estamos percorrendo e os que deveremos percorrer. Mais particularmente – e por não ser este, a rigor, nem um livro de História da Matemática, nem de História da Educação Matemática, mas de História na Educação Matemática –, eles parecem acreditar no que aqui chamamos de potencialidades pedagógicas positivas da História da Matemática. Mas que potencialidades pedagógicas seriam essas e que razões são alegadas para se justificar essa crença?

Como o atesta o aforismo de Bell, por não ser esta uma crença generalizada, a questão fundamental que, neste livro, colocamos aos nossos interlocutores – e a nós mesmos, é claro – diz respeito aos tipos de vínculo que se intenta promover entre a produção sócio-histórica do conhecimento matemático no passado e a produção e/ou apropriação pessoal desse conhecimento no presente. Em outras palavras, e mais amplamente, tal questão diz respeito a como se poderia conceber a relação entre a cultura matemática e as formas de apropriação dessa cultura no presente, sobretudo nas práticas pedagógicas escolares e nas práticas de investigação acadêmica em Educação Matemática.

Problemas dessa natureza não constituem, em nossos dias, preocupações isoladas, uma vez que a discussão referente às relações entre História, Pedagogia e Matemática já é objeto de investigação acadêmica, e uma relativamente ampla comunidade internacional vem atuando, de forma organizada, no sentido de tentar, cada vez mais, esclarecê-la e divulgá-la.

No plano internacional, no que se refere a essa organização, a década de 1980 constituiu um marco referencial do reavivamento de interesses em torno das questões históricas relativas à Matemática, ao seu ensino e à sua aprendizagem. De fato, em 1983 ocorreu a criação do *International Study Group on the Relations between the History and Pedagogy of Mathematics* (HPM), grupo filiado à Comissão Internacional de Ensino de Matemática (ICMI) e criado durante a realização do Workshop *História na Educação Matemática*, ocorrido na cidade de Toronto (Canadá), em 1983.

Em nosso país, embora o movimento organizado em torno da História da Matemática tenha se intensificado visivelmente, sobretudo a partir da criação da Sociedade Brasileira de História da Matemática (SBHMat) no III Seminário Nacional de História da Matemática, ocorrido em março de 1999, na cidade de Vitória (ES), as motivações, ações e estudos isolados – quer individuais, quer de grupos organizados de pesquisa – relacionados a essa temática poderiam ser identificados, pelo menos, desde meados da década de 80 do século XX.

É possível, então, afirmarmos que o reavivamento do interesse pelas questões históricas relativas à Matemática e à Educação Matemática, tanto no mundo quanto em nosso país, ocorreu e vem ocorrendo, sobretudo, de forma organicamente ligada ao movimento mais amplo em torno da Educação Matemática.

Entretanto, o movimento em torno da História da Matemática já é tão amplo e diversificado que poderíamos acusar a constituição, em seu interior, de vários campos de pesquisa autônomos, que, no entanto, mantêm, em comum, a preocupação de natureza histórica incidindo em uma das múltiplas relações que poderiam ser estabelecidas entre a História, a Matemática, a Educação. Dentre tais campos de investigação, três deles se destacam: o da História da Matemática propriamente dita, o da História da Educação Matemática e o da História na Educação Matemática.

No interior deste último campo, isto é, o da História na Educação Matemática – campo este que constitui o objeto de nossa preocupação neste livro – incluímos todos os estudos que tomam como objeto de investigação os problemas relativos às inserções efetivas da história na formação inicial ou continuada de professores de Matemática; na formação matemática de estudantes de quaisquer níveis; em livros de Matemática destinados ao ensino em qualquer nível e época; em programas ou propostas curriculares oficiais de ensino da Matemática; na investigação em Educação Matemática, etc.

Desse modo, dentre os interlocutores – vivos ou mortos – que integram o campo de diálogo que tentamos criar neste livro, encontram-se desde autores brasileiros de livros didáticos ou paradidáticos de Matemática e elaboradores de parâmetros ou propostas curriculares para o ensino escolar da Matemática em nosso país, até integrantes da comunidade internacional de matemáticos, educadores matemáticos, historiadores da Matemática, historiadores em geral e pesquisadores em Educação Matemática.

Ainda que nesse diálogo, muitas vezes, tenhamos adotado um tom mais crítico em relação a uns do que a outros, o fio que une todos e que nos une a todos é a esperança de que, cada vez mais, abordagens históricas significativas, orgânicas e esclarecedoras da cultura matemática venham modificar qualitativamente as práticas escolares nas quais a Matemática se acha envolvida, a formação matemática e educacional dos profissionais que promovem e realizam essas práticas e, consequentemente, a formação dos estudantes, comunidade social em função da qual essas práticas, em última instância, se constituem e se transformam.

É claro que, para a efetivação de um tão amplo e relevante propósito, estão convocados segmentos sociais e profissionais diversos. Nesse sentido, este livro se dirige a uma ampla comunidade que envolve professores de Matemática dos Ensinos Fundamental, Médio e Superior; pesquisadores em Matemática e em Educação Matemática; historiadores da Matemática, da Educação Matemática e historiadores em geral; futuros professores de Matemática; estudantes de pós-graduação em Educação Matemática, etc.

Mas como o interesse pela discussão política relativa às relações que se estabelecem entre a cultura matemática e científica em geral, a sociedade e a educação matemática e científica excede as comunidades de especialistas, acreditamos, mais precisamente, que este livro se destina a todos que, de algum modo, estão preocupados com os papéis que a Matemática e a Educação Matemática desempenham e/ou deveriam desempenhar no mundo contemporâneo.

Ao compartilhar com o leitor os estudos, as reflexões, as propostas e os desafios presentes neste livro, nós o convidamos a andar conosco por caminhos já trilhados; porém, acreditamos que só trilhando-os novamente – e criticamente, é claro – poderemos ir além do lugar aonde já chegamos até o momento.

Houve quem dissesse um dia que as gerações dos homens são como a das folhas, passam umas e vêm as outras.

Está na nossa mão desmentir o significado pessimista dessa frase.

Só figuram de folhas caídas, para uma geração, aquelas gerações anteriores cujo ideal de vida se concentrou egoisticamente em si e que não cuidaram de construir para o futuro, pela resolução em bases largas, dos problemas que lhes estavam postos, numa elevada compreensão do seu significado humano.

Essa concentração egoísta tem um nome – traição –, e, se hoje trairmos, será esse o nosso destino – ser arredados com o pé, como se arreda um montão de folhas mortas.

E não queiramos que amanhã tenham de praticar para conosco esse gesto, impiedoso mas justiceiro, exatamente o mesmo que hoje nos vemos obrigados a fazer para com aquilo que, do passado, é obstáculo no nosso caminho.

(BENTO DE JESUS CARAÇA, 1978b, p. XIV-XV)

Se a alma que sente e faz conhece
Só porque lembra o que esqueceu,
Vivemos, raça, porque houvesse
Memória em nós do instinto teu.

(FERNANDO PESSOA, 1972, p. 46)

Capítulo I

História na Matemática escolar

Introdução

Temos presenciado nos últimos anos uma ampliação da presença do discurso histórico em produções brasileiras destinadas à Matemática escolar, dentre as quais se encontram os livros didáticos, os livros paradidáticos e as propostas elaboradas por professores individualmente, por grupos de professores, por escolas ou por órgãos governamentais responsáveis pela elaboração de diretrizes para os ensinos fundamental, médio e superior. Essa ampliação nos leva a alguns questionamentos. Quais argumentos têm sido utilizados para justificar a inclusão do discurso histórico em produções brasileiras destinadas à Matemática escolar? Existem diferenças na forma como esse discurso participa dessas produções? Caso existam, como elas se relacionam ao processo de ensino-aprendizagem da Matemática?

Iniciemos nossas reflexões analisando a manifestação da mais recente proposta governamental, os *Parâmetros Curriculares Nacionais*, acerca dessa discussão. Em sua caracterização do *Quadro atual do ensino de Matemática no Brasil*, este documento apresenta a seguinte avaliação sobre o tratamento que tem sido dado ao discurso histórico em nosso país:

> Apresentada em várias propostas como um dos aspectos importantes da aprendizagem matemática, por propiciar compreensão mais ampla da trajetória dos conceitos e métodos da ciência, a História da Matemática também tem se transformado em assunto específico, um item a mais a ser incorporado ao

rol dos conteúdos, que muitas vezes não passa da apresentação de fatos ou biografias de matemáticos famosos. (BRASIL, 1998, p. 23)

Para os autores dos *Parâmetros Curriculares Nacionais*, portanto, a História da Matemática, se tratada como um assunto específico ou conteúdo, seria insuficiente para contribuir para o processo de ensino-aprendizagem da matemática. Entretanto, a apresentação de tópicos da História da Matemática em sala de aula, segundo essa abordagem, tem sido defendida por um número expressivo de matemáticos, historiadores da Matemática e investigadores em Educação Matemática, de diferentes épocas, os quais recorrem à categoria psicológica da motivação para justificar a importância de tal inclusão. Dentre esses autores, encontram-se Simons (1923), Hassler (1929), Wiltshire (1930), Humphreys (1980), Meserve (1980), Booker (1988) e Swetz (1989). Para eles, o conhecimento histórico da Matemática despertaria o interesse do aluno pelo conteúdo matemático que lhe estaria sendo ensinado. Os mais ingênuos acabam atribuindo à história um poder quase que mágico de modificar a atitude do aluno em relação à Matemática.

Esse ponto de vista ingênuo aparece principalmente em artigos publicados pela revista americana *The Mathematics Teacher*, nas décadas de 1920 e 1930 do século XX. Nesses textos, o poder motivador da história é atestado e exaltado graças à adoção de uma concepção lúdica ou recreativa pela revista. É a história-anedotário vista como contraponto momentâneo necessário aos momentos formais do ensino, que exigiriam grande dose de concentração e esforço por parte do estudante. Essa história-anedotário de caráter estritamente factual, quando incorporada de forma episódica nas aulas de Matemática, adquiriria, segundo alguns dos defensores desse ponto de vista, uma função didática de *relax* – a recompensa repousante, merecida e necessária pelo esforço estafante requerido pela aprendizagem da Matemática; tudo se passaria como se a Matemática exigisse o pensamento e a seriedade, enquanto a História aliviaria a tensão e confortaria.

Essa posição se manifestou no Brasil de uma forma muito intensa no período em que eram discutidas as propostas de um movimento de renovação da educação brasileira, iniciado nas primeiras décadas do século XX, que provocaria uma ampla discussão acerca das questões educacionais e ficaria conhecido como o *Movimento da Escola Nova*. Nesse momento, encontraríamos, talvez pela primeira vez, uma manifestação explícita em propostas oficiais sobre a importância da História da Matemática para a formação dos alunos das séries do então chamado *ensino secundário* – o que corresponde, na atualidade, às quatro últimas séries do Ensino Fundamental e às três séries do Ensino Médio. Essa manifestação encontra-se nas instruções pedagógicas da Reforma do Ensino Secundário apresentada pelo Primeiro Ministro do Ministério de Educação e Saúde, Francisco Campos, através do Decreto nº 19890 de 18 de abril de 1931, consolidada pelo Decreto nº 21241, de 4 de abril de 1932, que contemplaram, no que se refere ao processo de ensino-aprendizagem, o ideário do *Movimento da Escola Nova*:

> E, *por fim*, com o intuito de *aumentar o interesse do aluno*, o curso será incidentalmente entremeado de ligeiras alusões a problemas clássicos e curiosos e aos fatos da História da Matemática bem como à biografia dos grandes vultos desta ciência. (Portaria Ministerial, de 30-6-1931 *apud* BICUDO, 1942, p. 8, grifos nossos)

Alguns autores de livros didáticos produzidos nos últimos anos da década de 1920 e no início da década de 1930, que assumiram as modernas orientações apresentadas pela Reforma Campos, incorporaram elementos de história em suas obras. Uma obra que merece ser destacada é a intitulada *Mathematica*, inicialmente de autoria de Cecil Thiré e Mello e Souza e, posteriormente, também de Euclides Roxo.

Cecil Thiré e Mello e Souza. Mathematica, 1º anno. 1931.

Nessa obra, a preocupação com os elementos históricos já pode ser vislumbrada quando observamos a sua capa. Nela estão presentes algumas figuras que nos remetem diretamente à Matemática dos gregos e egípcios, tal como a de Arquimedes resolvendo, na areia, um problema sobre triângulos e pirâmides como plano de fundo dos nomes dos autores. Tais figuras foram elaboradas, a pedido dos autores, pelo professor Carlos Chambelland e pelo arquiteto Moacyr Fraga, aluno da Escola Nacional de Bellas Artes.

Entretanto, serão os textos históricos presentes na obra que confirmarão a preocupação dos autores com a História. Alguns desses textos foram elaborados pelos próprios autores, outros foram produzidos por professores brasileiros, especialmente para compor a obra, outros, ainda, apresentam fragmentos de obras de autores nacionais ou estrangeiros. Embora existam textos históricos integrados ao tema que está sendo discutido, como ocorre, por exemplo, em *Moeda e Câmbio*, a maior parte desses textos é apresentada como fechamento dos capítulos, no item *Leitura*, e abordam aspectos relacionados ao tema que foi tratado. Isso parece ser um indicativo de que tais textos deveriam ser lidos pelos estudantes em sala de aula ou na própria escola, como um elemento complementar ao trabalho realizado sobre o tema, embora os autores não apresentem nenhum esclarecimento acerca da forma como esses textos deveriam ser trabalhados. Entretanto, esclarecem que a função deles seria a de "despertar no jovem estudante o interesse pelos diversos fatos da História da Matemática e pela vida dos grandes sábios que colaboraram no progresso dessa ciência" (CECIL THIRÉ e MELLO; SOUZA. *Mathematica*, 1º anno. 1931, p. XV).

Realmente, uma grande parte dos textos históricos presentes na obra diz respeito a personagens, povos ou temas específicos da Matemática, "que colaboraram no progresso dessa ciência". Entretanto, alguns textos apresentam características que os diferenciam dos demais. Um deles é o intitulado *As mulheres na Mathematica*. Trata-se de um texto produzido pelos próprios autores da obra, os quais tomaram como referência obras de outros autores daquele período, que são mencionadas em observações colocadas em notas de rodapé. Esse texto merece ser destacado, especialmente pelo fato de ser o único que localizamos, até o momento, a abordar aspectos relacionados à colaboração feminina em produções matemáticas.

Apesar da clara intenção dos autores em valorizar a capacidade das mulheres de desenvolver estudos matemáticos, o texto não deixa de manifestar um certo preconceito, que era forte naquele momento e que ainda se manifesta com certa frequência, sobre a possibilidade de se associar beleza com inteligência. Esse preconceito se manifesta explicitamente nos seguintes comentários acerca de Emilia de Breteuil, a Marqueza de Châtelet ou de Maria Gaetana Agnési:

> Quem poderia imaginar que essa mulher de olhos rasgados e sonhadores, de porte fidalgo e insinuante, tivesse cultura suficiente para traduzir e anotar a obra formidável de Newton? É bem verdade, que alguns biógrafos maldosos insinuam que o gênio de Clairaut não foi totalmente alheio ao trabalho da ilustre Marquesa. A colaboração do sábio não diminui, porém, em nada o valor e o prestígio daquela mulher sedutora que soube "medir o universo". [...] Por sua rara e impressionante beleza a célebre Maria Gaetana Agnési, matemática italiana, soube despertar inúmeras paixões; por seu talento e por sua incomparável cultura, em todos os ramos da ciência, logrou conquistar admiradores fervorosos em todos os círculos científicos da época. (CECIL THIRÉ; MELLO E SOUZA. *Mathematica*, 2º anno. 1931, p. 427)

Gabrielle Émilie Le Tonnelier de Breteuil Marquise du Châtelet

Outros textos se propõem a discutir temáticas atuais relacionadas a outras áreas do conhecimento ou à Filosofia da Matemática.

Dentre eles, encontram-se: *Animais calculadores, O sistema métrico, Relatividade, A lei da oferta e da procura, A ideia da moeda, A Mathemática, A Mathematica e a Esthetica,* etc. Neste último, é apresentada uma passagem da obra *As idéas fundamentaes da Mathematica,* de Manoel Amoroso Costa (1885-1928), professor da Escola Politécnica e da Faculdade de Filosofia e Letras do Rio de Janeiro, autor de significativos trabalhos sobre Astronomia, análise matemática, geometrias não arquimedianas e Filosofia, e que teve participação ativa em todos os setores da vida cultural brasileira, um dos responsáveis pela criação da Academia Brasileira de Ciências, além de membro atuante da Associação Brasileira de Educação. Em tal passagem, Amoroso Costa enfatiza a ligação entre a atividade matemática e a atividade artística, expressando o ponto de vista de que essas atividades encontram-se muito mais próximas do que se costuma imaginar.

Merece ainda ser destacado o fato de tal livro didático apresentar, talvez pela primeira vez no Brasil, um texto biográfico acerca de um professor de Matemática brasileiro. Trata-se de um texto sobre *Otto de Alencar* (1874-1912), professor da Escola Politécnica do Rio de Janeiro, que desempenhou um papel de fundamental importância para o desenvolvimento da Matemática brasileira, particularmente por sua posição contrária ao fato de o positivismo ter possibilitado o acesso, por parte dos estudiosos brasileiros, à matemática desenvolvida no século XIX. Nesse texto, os autores incluem várias passagens de uma conferência proferida em 1918, na Escola Politécnica, por Amoroso Costa (1981), com a intenção de enfatizar a atividade docente de Otto de Alencar. Destacam, particularmente, "o dom inestimável" desse professor em "despertar a curiosidade dos seus discípulos" e a sua concepção de ensino baseada menos na "repetição de compêndios" e muito mais nas intenções de se "fornecer aos moços preceitos profissionais" e em "modelar-lhes harmoniosamente a inteligência e a sensibilidade, abrir-lhes os olhos para as coisas superiores". Os autores chegam, até mesmo, a fornecer detalhes acerca do estilo da aula desse professor:

> Suas lições, pronunciadas em uma voz pausada e grave, desvendavam-nos horizontes imensos, e nos faziam pensar; os mais

longos e complicados desenvolvimentos de calculo surgiam sem esforço, sem um engano ou uma hesitação, e o Mestre os alinhava sobre a pedra com inexcedível elegância; o discurso em linguagem vulgar aparecia menos vezes, mas era perfeito de clareza e precisão. (Cecil Thiré; Mello e Souza. *Mathematica*, 1º anno. 1931, p. 99).

A preocupação de Cecil Thiré e Mello e Souza em apresentar, na obra, elementos da cultura nacional se manifesta também em textos históricos relacionados à produção matemática de grupos brasileiros.

No texto intitulado *Algarismos chinezes*, após uma rápida apresentação sobre os cálculos realizados pelos chineses com o auxílio de pequenas baquetas de bambu ou de marfim, que estariam na origem de sua numeração escrita, são também feitos alguns comentários acerca de inscrições encontradas em grutas dos Estados de Goiás e Piauí que em muito se assemelhariam aos algarismos chineses antigos (Cecil Thiré; Mello e Souza. *Mathematica*, 1º anno. 1931, p. 16).

Em outro texto, intitulado *A numeração entre os selvagens*, Eugênio de Barros Raja Gabaglia,[1] professor do Colégio Pedro II, baseando-se em autores contemporâneos que se dedicaram ao estudo das culturas primitivas, após a análise da numeração utilizada por povos de Orenoco e Groelândia, apresenta aspectos da numeração de várias tribos brasileiras:

> Em grande número de tribos brasileiras (cayriris, caraíbas, Carajás, coroados, júris, omaguas, tupis, etc.) aparecem, com algumas variantes, os numerais digitais: os omaguas empregam a palavra pua, que significa mão, para exprimir também cinco, e com a palavra puapua, indicam dez; os júris com a mesma frase indicam, indiferentemente, homem ou cinco. Segundo Balbi os guaranys dizem po-mocoi (duas mãos) para dez e po-petei (uma mão) para cinco. No Bakahiri ha nomes especiais para designar os números um, dois e três; o quatro é formado pela expressão dois e dois; o cinco é indicado por uma frase que significa dois e dois e um;

---

[1] Segundo Silva (2001), Gabaglia teria sido o primeiro autor brasileiro de um livro sobre História da Matemática, publicado em 1899 sob o título *O mais antigo documento matemático conhecido (Papyro Rhind)*.

> analogamente formam o numero seis dizendo: dois e dois e dois. Desse numero (6) em diante limitam-se a mostrar todos os dedos da mão (como aliás já faziam para os primeiros números), e depois todos os dedos dos pés, apalpando-os vagarosamente dedo por dedo, demorando-se no dedo correspondente ao numero. É um exemplo admirável de uma língua onde o gesto indica o numero, não havendo vocábulos próprios senão para os três primeiros cardinais. E mesmo em relação à existência de vocábulos especiais para esses primeiros (um, dois, três) há dúvidas, pois Von der Steinem declara que na primeira viagem, ouviu o numeral três expresso por uma palavra que significava, propriamente, dois e um; mais tarde, em 1887, ao realizar uma segunda viagem, ouviu o mesmo número (3) indicado por uma outra forma, sobre cuja etimologia nada conseguiu apurar. (CECIL THIRÉ; MELLO E SOUZA. *Mathematica*, 1º anno. 1931, p. 357-358)

Pelos estudos que conhecemos, parece razoável conjecturar que esse teria sido, provavelmente, o primeiro texto de autor brasileiro a abordar aspectos relacionados à História da Matemática brasileira utilizando os mais recentes estudos antropológicos que vinham sendo realizados naquele período, por pesquisadores de outros países.

Embora Silva (2001) afirme que tais aspectos relativos à história da Matemática brasileira só viessem à luz em um segundo livro sobre História da Matemática – denominado *No passado da Matemática* – escrito pelo autor brasileiro H. C. Fontes, constatamos que trinta e oito anos antes da publicação do livro de Fontes, a passagem acima citada já apresentava informações dessa natureza.

Destacamos em nossa análise da obra de Cecil Thiré e Mello e Souza a presença de textos históricos, alguns deles abordando temáticas históricas inovadoras, tais como a participação das mulheres em produções matemáticas, elementos sobre a História da Matemática e da educação matemática brasileira, o que nos parece positivo, uma vez que tais textos apontam para uma ampliação do tipo de história que participa do processo de ensino-aprendizagem da Matemática. Segundo esses autores, a inclusão de textos dessa natureza tinha em vista *despertar no jovem estudante o interesse*. Dessa forma, esses autores se alinham à posição de vários outros que defendem que o conhecimento histórico despertaria o interesse do aluno pelo conteúdo que lhe está sendo ensinado. Ou seja, para eles, a história exerceria um papel motivador no processo de ensino-aprendizagem da Matemática. Essa afirmação nos leva a alguns questionamentos. Teriam os textos históricos, realmente, esse poder de motivar os alunos? Um tal ponto de vista acerca do papel motivador dos textos históricos poderia ou teria sido questionado por outros autores? Em caso afirmativo, com base em quais argumentos?

Parece-nos que o argumento ao mesmo tempo mais simples e mais trivial que poderia ser levantado em contraposição à existência de um suposto potencial motivador inerente à história decorre da consideração de que, se fosse esse o caso, o ensino da própria história seria automotivador. Isso, no entanto, não é confirmado pela maioria dos professores de História que se defrontam, em seu cotidiano, não apenas com o desinteresse de seus alunos por esse campo do saber, como também com a enorme dificuldade de fazer com que eles compreendam a sua importância, a sua natureza, os seus objetivos e os seus métodos.

Um argumento mais especializado contra esse suposto potencial motivador inerente à História poderia ser buscado no terreno da Psicologia, particularmente em uma de suas áreas específicas que tem por objeto de estudo a motivação. Segundo Evans (1976), os estudos sobre a motivação têm passado por uma mudança qualitativa que se traduz na passagem de um enfoque mecanicista para um enfoque cognitivo desse objeto. Este autor assinala que, se sob um enfoque mecanicista o indivíduo é visto como "um organismo impelido e pressionado por forças e hábitos", sob um enfoque cognitivo da motivação, ele passa a ser visto como alguém capaz de processar "informações provenientes de sua fisiologia interna, de seu meio físico e, sobretudo no homem, de seu ambiente social" (EVANS, 1976, p. 100). Defendendo ponto de vista semelhante, Herriot assinala que, cada vez mais, nos afastamos de uma

> concepção dos organismos como sendo impelidos por impulsos ou atraídos por incentivos. As ideias de impulsos aprendidos, baseados em necessidades biológicas, deram lugar a teorias que enfatizam ser o nosso comportamento determinado pelo modo como nos percebemos a nós mesmos e percebemos o nosso meio-ambiente. (Herriot apud Evans, 1976, p. 7)

Um outro tipo de crítica, baseada em uma suposta natureza cultural da motivação, também tem sido remetida aos defensores do ponto de vista da História como motivação.

O historiador alemão Gert Schubring afirma não acreditar nas possibilidades motivadoras da *abordagem direta*[2] da história na sala de aula e utiliza como argumento o fato de os "valores do historicismo" já não estarem mais presentes em algumas sociedades. Segundo esse autor, uma tal abordagem direta seria problemática, uma vez que

> [...] nas culturas das sociedades mais desenvolvidas economicamente parecem não predominar mais os valores do historicismo e da burguesia como no século XIX e na primeira metade do século XX. Duvido, por isso, que as questões históricas ofereçam aos alunos de hoje qualquer referência similar, independentemente do fato de os professores terem uma formação e atitude histórica. (SCHUBRING, 1997, p. 157)

Schubring alerta para o fato de que a motivação histórica estaria associada diretamente à cultura e à sociedade, não podendo ser encarada da mesma forma para todos os países, em todos os momentos históricos. Por essa razão, menciona uma experiência desenvolvida por Paulus Gerdes – historiador holandês naturalizado moçambicano – que propõe estratégias históricas para a construção de uma Matemática e de uma educação matemática emancipadoras, com base no estímulo à autoconfiança do povo moçambicano em sua capacidade para desenvolver matemática.

No trabalho proposto por Gerdes, a motivação propiciada pela história encontra-se diretamente relacionada ao seu papel como elemento fundamental para a promoção da inclusão social, via resgate da identidade cultural de determinado grupo social discriminado no contexto escolar.

Embora Gerdes não tenha se envolvido direta e sistematicamente na discussão referente às potencialidades pedagógicas da História da Matemática, ele tem contribuído significativamente para que essa

---

[2] Schubring entende por abordagem direta da história em sala de aula aquela que "tradicionalmente, se propõe a introduzir a História nas aulas por meio de elementos biográficos de matemáticos de renome ou de estudo de textos originais" (SCHUBRING, 1997, p. 157).

discussão seja enfocada sob um novo ponto de vista. Isso porque a História da Matemática não lhe aparece nem como um ponto de partida nem como algo pronto e acabado que possa constituir objeto de uso e abuso por parte dos educadores. A sua preocupação fundamental incide sobre o papel a ser desempenhado pela Matemática no processo de reconstrução, em bases novas, do sistema educacional moçambicano, após a extinção do regime colonial imposto àquele país por Portugal.

Segundo Gerdes, a imagem da Matemática criada e difundida pelo colonizador apresentava-a como "uma criação e capacidade exclusiva dos homens brancos; as capacidades matemáticas dos povos colonizados eram negadas ou reduzidas à memorização mecânica; as tradições africanas e índio-americanas ficaram ignoradas ou desprezadas" (GERDES, 1991, p. 62). Daí, o baixo desempenho em Matemática por parte das crianças, o bloqueio psicológico, a aversão e a impopularidade desse saber especialmente para os filhos de camponeses e operários; daí também a atribuição à Educação Matemática do perverso e discriminador papel de filtro educacional mais eficiente de seleção da elite social.

Para Gerdes, a reversão desse quadro passaria pela necessidade de eliminação não só desse *bloqueio psicológico*, mas também de um *bloqueio cultural*. Ou melhor, a eliminação do bloqueio cultural constituiria condição necessária para a superação do bloqueio psicológico, uma vez que, para ele, a reconquista da confiança cultural na capacidade de se produzir Matemática por parte dos povos africanos constitui condição necessária para se apropriar e produzir, no presente, a Matemática de que necessitam (GERDES, 1991, p. 62). Trata-se, pois, de proceder à incorporação no currículo das tradições matemáticas e, para isso, se faz necessário, antes de mais nada, reconhecer o caráter matemático dessas tradições através da ampliação do que normalmente se entende por Matemática.

Em uma palestra proferida em 1982, na cidade de Paramaribo, capital do Suriname, durante a *Caribbean Conference on Mathematics for the benefit of the Caribbean Communities and its reflection in the Curriculum*, publicada sob o título *A Matemática ao serviço do povo*, na Revista Ciência e Tecnologia, 1984, Gerdes apresentou três estratégicas, vistas como fundamentais, para a mudança de tal quadro: as culturais, as sociais e as individuais-coletivas.

A *estratégia cultural* seria desenvolvida através da divulgação da história cultural da Matemática, em particular da moçambicana, e teria como objetivos:

> Conduzir à compreensão de que cada povo é capaz de desenvolver a matemática. Isto pode ser feito através da divulgação da história cultural da matemática. Encorajar a ideia de que a matemática do nosso povo pode enriquecer a ciência matemática. (GERDES, 1984, p. 10)

Para isso, Gerdes propõe o trabalho na escola com atividades relacionadas à história cultural da Matemática de Moçambique, dentre as quais selecionamos a seguinte:

> Nas zonas litorais de Moçambique, seca-se o peixe para ser vendido no interior. Como secar o peixe? Através da sua experiência, os pescadores descobriram que é necessário colocar todo o peixe à mesma distância do fogo. Eles descobriram um conceito de circunferência na areia, utilizando uma corda e dois paus. Este exemplo mostra, mais uma vez, que conceitos matemáticos importantes refletem relações importantes no mundo objetivo (ponto de vista materialista). (GERDES, 1984, p. 10)

As estratégias sociais, por outro lado, dizem respeito a aspectos relacionados à desmistificação de preconceitos acerca das capacidades matemáticas de filhos de camponeses, de operários, das mulheres, tendo em vista "a compreensão de que, filhos de todas as classes sociais, de ambos os sexos, são capazes de desenvolver a matemática" (GERDES, 1984, p. 11). Tendo presente esse objetivo, Gerdes propõe que a escola trabalhe com contraexemplos históricos.

A terceira estratégia proposta por Gerdes, denominada *individual-coletiva*, baseia-se em problematizações realizadas em sala de aula, tendo em vista uma discussão coletiva de aspectos relacionados à Matemática – tais como erros e formação de conceitos – o que possibilitaria aos alunos "compreenderem que *a matemática não cai do céu*" e, também, perceberem "a dialética dos processos criativos" (GERDES, 1984, p. 13, grifos do autor).

A motivação que encontramos no trabalho com a história proposto por Gerdes seria gerada por meio de discussões relacionadas a aspectos políticos, sociais, culturais, associadas ao questionamento da história de uma matemática única, de característica eurocentrista, e da valorização de histórias sociais e culturais da Matemática. Trata-se, portanto, de um trabalho que se insere no atualmente denominado campo da Etnomatemática.[3]

A Matemática escolar e os métodos matemáticos historicamente produzidos

Apesar de as preocupações com a introdução de elementos históricos na matemática escolar brasileira terem se manifestado de maneira explícita na legislação da década de 1930, segundo uma abordagem diretamente associada ao poder motivador dos conhecimentos históricos, o leitor não deve inferir que tais preocupações não estiveram presentes anteriormente.

Em livros didáticos de matemática brasileiros mais antigos, particularmente do final do século XIX e começo do XX, localizamos também a presença de elementos históricos. Nesses livros, encontramos, em geral em notas de rodapé, algumas observações ou comentários acerca de temas e personagens da história da matemática.

Um exemplo desse tipo de manifestação da história é o seguinte comentário acerca da *progressão por quociente* (ou, progressão geométrica) presente no livro *Elementos de Álgebra* de André Perez y Marin, de 1928:

> Euclides, notável geômetra grego do século III antes de Cristo (450-380), estabeleceu a teoria das proporções em seus famosos Elementos, pela representação linear das quantidades. Por este motivo, e talvez também pela frequente aplicação que das proporções se faz em geometria, deu-se-lhes a denominação imprópria de proporções geométricas. Como o uso sancionou

---

[3] Para maiores esclarecimentos acerca da origem desse campo de estudo e pesquisa e dos trabalhos que vêm sendo nele desenvolvidos, particularmente no Brasil, o leitor pode consultar o artigo de Gelsa Knijnik intitulado "Itinerários da Etnomatemática: questões e desafios sobre o cultural, o social e o político", publicado no periódico *Educação em Revista*, n. 36, dezembro de 2002, p. 161-176. Outras fontes que não poderiam deixar de ser consultadas são D'Ambrosio (1990) e D'Ambrosio (2001).

essa denominação, apesar de sua impropriedade, as progressões por quociente, compostas por sua vez de proporções contínuas sucessivas, receberam também o nome de progressões geométricas. (PEREZ y MARIN, 1928, p. 285)

Percebemos, nessa nota, a preocupação do autor em informar o leitor acerca da origem de uma expressão utilizada em Matemática, com a qual ele parece não concordar totalmente. Nesse sentido, podemos dizer que o autor/professor tinha não apenas conhecimento de textos históricos, como também a intenção de declarar a sua posição acerca de tal história para os seus alunos e leitores. Assim, podemos entender que a presença da história não tinha apenas a intenção de fornecer informações aos leitores/alunos, mas seria também uma oportunidade de partilhar com eles as dúvidas e questionamentos do autor/professor.

Talvez essa atitude reflexiva do autor com relação à História da Matemática possa estar associada à atribuição, exclusivamente no âmbito da Matemática escolar brasileira, do nome de Bhaskara à fórmula resolutiva de equações de 2º grau. Em um trabalho que realizamos,[4] dentre as obras analisadas, foi em Perez y Marin que localizamos a primeira manifestação de tal atribuição. No item *Resolução da Equação Completa do 2º grau*, ao obter a fórmula geral de resolução de tais equações por meio de um método algébrico que é iniciado pela multiplicação de todos os membros da equação por *4a*, o autor chama uma nota de rodapé, na qual afirma que "este método de resolução, notável pela sua simplicidade, é devido a Bhaskara, mathematico índio do século XII" (PEREZ y MARIN, 1928, p. 216).

Entretanto, nas obras didáticas produzidas por autores brasileiros, em finais do século XIX e começos do XX, uma outra forma de manifestação da história estaria também presente. Essa forma diz respeito à apresentação de métodos produzidos historicamente, sob uma linguagem atualizada e integrados ao texto didático.

No livro *Algebra Elementar – Theorica e Pratica*, de 1928, de autoria de S. L., são apresentados dois métodos para a resolução de

---

[4] Trata-se de um estudo realizado por Fernanda Carvalho, Jéssica Barone, Maria Ângela Miorim, Mauro Munsignatti Jr. e Rodolfo Gotardi Begiato, que se encontra publicado sob o título "Por que Bhaskara?" na Revista da Sociedade Brasileira de História da Matemática, *História & Educação Matemática*, v. 2, n. 2, jun./dez. 2001, jan./dez. 2002, p. 123-171.

equações de 2° grau, os quais, segundo o autor, seriam os mais conhecidos. Tais métodos são denominados de "árabe" e "Viète"

Methodo árabe - Consiste este methodo em fazer do primeiro membro um quadrado perfeito e extrahir-lhe a raiz quadrada. Para isto, é preciso determinar um binômio cujo quadrado se torne applicavel a essa questão; esse binômio é 2ax +b, cujo quadrado é $4a^2x^2 + 4abx + b^2$ (1).

Tomemos a equação $ax^2 + bx + c = 0$ e passemos o termo c para o segundo membro: $ax^2 + bx = -c$ (2).

Para que o primeiro membro da equação (2) se torne igual ao quadrado perfeito (1), é preciso multiplicar essa equação por 4a e depois somar b^2.

Multiplicando por 4a: $4a^2x^2 + 4abx = -4ac$

somando b^2: $4a^2x^2 + 4abx + b^2 = -4ac + b^2$;

que se pode escrever: $(2ax + b)^2 = b^2 - 4ac$;

e extrahindo a raiz quadrada: $2ax + b = \pm\sqrt{b^2 - 4ac}$.

Passando b para o segundo membro:

$2ax = -b \pm \sqrt{b^2 - 4ac}$

e dividindo por 2a: $x = \dfrac{-b \pm \sqrt{b^2 - 4ac}}{2a}$

Methodo Viète - Dada a equação $ax^2 + bx + c = 0$, façamos
$x = y + h$ (1)

Substituindo o valor de x na equação, vem:

$a(y + h)^2 + b(y + h) + c = 0$

Desenvolvendo: $a(y^2 + 2hy + h^2) + b(y + h) + c = 0$

ou $ay^2 + 2ahy + ah^2 + by + bh + c = 0$

Evidenciando o termo em h:

$ay^2 + h(2ay + b) + ah^2 + bh + c = 0$ (2)

Um valor da indeterminada y póde annullar o coeficiente de h e teremos:

$2ay + b = 0$

d'onde $y = -\dfrac{b}{2a}$ (3)

Substituindo este valor na equação (2), vem:

$a\left(-\dfrac{b}{2a}\right)^2 + ah^2 + b\left(-\dfrac{b}{2a}\right) + c = 0$

ou $\dfrac{ab^2}{4a^2} + ah^2 - \dfrac{ab^2}{4a^2} + c = 0$

Deixando no primeiro membro o termo que contém h:

$ah^2 = \dfrac{b^2}{2a} - c \dfrac{ab^2}{4a^2}$

d'onde $h^2 = \dfrac{b^2 - 4ac}{4a^2}$ e $h = \pm h = \pm \dfrac{\sqrt{b^2 - 4ac}}{2a}$

Substituindo os valores (3) e (4) na equação (1), vem:

$x = \dfrac{b}{2a} \pm \dfrac{\sqrt{b^2 - 4ac}}{2a} = \dfrac{-b \pm \sqrt{b^2 - 4ac}}{2a}$

(S.L., 1928, p. 132-4).

É interessante observar que o método algébrico de completar quadrados, denominado de "árabe" por S.L., aproxima-se mais do método mencionado na obra *Vijaganita* de Bhaskara, do que os presentes na obra *Hisab al-jabr w'al-muqabala* (ciência da redução e da confrontação) de Al-Khowarizmi.[5] O método denominado "Viète" é uma versão generalizada e sob uma roupagem algébrica mais atualizada que aquela apresentada pelo matemático Viète.

Exemplo análogo dessa preocupação com a apresentação de métodos históricos para a resolução de equações de 2º grau pode ser encontrado na obra *Álgebra Elementar*, 4ª edição, 1918, de Sebastião Francisco Alves. Nessa obra, entretanto, o autor explicita as diferenças metodológicas existentes entre os dois métodos:

> Para resolver este typo foram instituídos dous processos diversos, um mais antigo, pelos *Árabes*, e outro mais moderno, por *Viète*. Pelo primeiro processo procura-se fazer depender a resolução da equação em questão da resolução da equação do primeiro

---

[5] Na realidade, nem gregos, nem hindus, nem árabes chegaram a conceber uma equação de segundo grau na forma genérica como a conhecemos atualmente e, por essa razão, não chegaram a desenvolver um método genérico aplicável à resolução de qualquer tipo de equação de 2º grau. Entretanto, se considerarmos que todos apresentaram métodos diferenciados de completar quadrados e que a generalização do método apresentado por Bhaskara, cuja autoria é atribuída ao matemático hindu Sridhara, iniciado pela multiplicação de todos os membros por 4a, leva à nossa atual fórmula de resolução, podemos levantar essa conjectura. Para maiores detalhes veja o artigo mencionado anteriormente, de Carvalho *et al*.

grau e pelo segundo procura-se reduzir o typo completo considerado ao typo incompleto, já estudado. (ALVES, 1918, p. 251, grifos do autor)

Em um outro momento de sua obra, quando discute os logaritmos, Alves novamente opta pela utilização de dois métodos. Agora, entretanto, um dos métodos será desenvolvido e dará origem ao segundo. Essa decisão é explicitada pelo autor no início do trabalho:

> A descoberta dos logaritmos feita por Neper no começo do século XVII e completada por Briggs veio simplificar extraordinariamente os cálculos numéricos e aumentar os recursos algébricos necessários ao cálculo exponencial, como teremos ocasião de observar. Os logaritmos podem originar-se no cálculo dos valores, onde eles derivam de duas progressões, sendo uma geométrica e outra aritmética, ou na álgebra, onde são considerados como expoentes a que é necessário elevar uma certa base para ter todos os números possíveis. Considerando primeiramente a origem aritmética... (ALVES, 1918, p. 339, grifos do autor)

A preocupação com a preservação de certos métodos históricos ou com certas concepções que foram historicamente produzidas também pode ser percebida em programas oficiais de Matemática entre finais do século XIX e começos do XX. Em um trabalho que realizamos sobre logaritmos (MIORIM; MIGUEL, 2002), pudemos observar, durante esse período, a preocupação dos programas em preservar duas concepções distintas de logaritmo: a aritmética e a algébrico-funcional.

O ponto de vista de que a história constitui uma fonte de métodos adequados para a abordagem pedagógica de certas unidades ou tópicos da Matemática escolar tem se manifestado na literatura, pelo menos, desde o século XVIII.

De fato, um tal ponto de vista já se manifestava na obra *Elémens de géométrie,* de Alexis Claude Clairaut, considerada por muitos autores como aquela que, pela primeira vez, apresenta um posicionamento explícito acerca de uma relação específica entre a História da Matemática e a Matemática escolar. Preocupado em romper com a maneira tradicional de apresentação da Geometria por meio de um método que motivasse e auxiliasse na compreensão, Clairaut busca na História da Matemática os elementos orientadores para a construção de seu método, como explicita no prefácio de sua obra:

> Pensei que esta ciência, como todas as outras, fora gradualmente formada; que verossimilmente alguma necessidade é que promovera seus primeiros passos não podiam estar fora do alcance dos principiantes, visto como por principiantes foram dados. Com esta ideia, prepus-me remontar ao que podia ser a fonte da geometria. Tratei de desenvolver-lhe os princípios *por um método tão natural que pudesse ser tido como o próprio empregado pelos inventores*; fugindo, entretanto, todas as falsas tentativas que eles naturalmente fizeram. A medida dos terrenos me pareceu mais própria para dar origem às primeiras proposições de geometria; e é efetivamente daí que provem esta ciência, pois que geometria significa medida de terreno. Pretendem alguns autores[6] que os egípcios, vendo os limites de suas herdades continuamente destruídos pelas cheias do Nilo, lançaram os primeiros fundamentos da geometria, procurando os meios de se certificarem exatamente da situação, da superfície e configuração de seus domínios. (CLAIRAUT, 1892, p. IX-X, grifos nossos)

Manifestação análoga com relação à importância da história na busca por métodos pedagogicamente adequados e interessantes para a abordagem de certos tópicos da Matemática escolar pode ser encontrada, no início do século XX, na obra *Elementary Mathematics from an Advanced Standpoint*, de Felix Klein, dedicada especialmente aos professores de Matemática das escolas secundárias, em cujo prefácio destaca o fato de que um dos componentes caracterizadores do método por ele empregado na redação desse livro teria sido o "prazer especial *de* seguir o desenvolvimento histórico de várias teorias a fim de compreender as marcantes diferenças nos métodos de apresentação quando confrontados com os demais métodos presentes na instrução atual" (KLEIN, 1945, prefácio).

É revelador o fato de que no exato momento em que Klein se propõe a dirigir ao leitor algumas palavras sobre o método de apresentação dos conteúdos, ele declare também ter se deixado guiar por

---

[6] Provavelmente aqui Clairaut está fazendo referência ao texto de Heródoto, século V a.C., e de outros que o tomaram como fonte.

um *indefinido prazer especial* em confrontar o método de produção das teorias matemáticas, tal qual pode ser inferido pela análise do seu desenvolvimento histórico, com os métodos por meio dos quais essas teorias costumavam ser pedagogicamente apresentadas

Essas e outras observações de Klein nos levam a concluir que a dimensão pedagógica da história lhe aparecia vinculada à questão da seleção de métodos adequados de ensino-aprendizagem dos conteúdos matemáticos. Além disso, o modo como tentou superar a dissonância entre método histórico de produção do conhecimento matemático e métodos de ensino-aprendizagem da matemática escolar consiste em atribuir ao primeiro a qualidade de *método natural e verdadeiramente científico* de instrução. Isso porque, para ele, o *método medieval* subjacente a todo tipo de formalismo pedagógico é incapaz de se traduzir em instrumento que possa verdadeiramente promover e estimular o pensamento científico. Apenas o método histórico seria potencialmente adequado para se atingir o ideal pedagógico de levar a juventude a pensar cientificamente, ideal que, para ele, deveria constituir o objeto e o objetivo de toda educação verdadeiramente científica.

Por volta da segunda metade do século XX, a professora italiana Emma Castelnuovo, na introdução de sua obra *Geometria Intuitiva*, declarava ter se inspirado nos *Eléments* de Clairaut a fim de propor um novo caminho para o desenvolvimento do ensino da Geometria na escola elementar, baseado também no desenvolvimento histórico dessa ciência. Faz, entretanto, um reparo às reflexões de Clairaut a fim de justificar a defesa daquilo que chama *uma visão mais ampla da história*. Esse *mais amplo* não deveria, porém, ser entendido no sentido de adoção de uma concepção diferenciada da história em relação àquela defendida por Clairaut, mas no de uma ampliação cronológica da história da Geometria para que pudesse abarcar também a pré-história humana, período em que ela acredita terem se originado as primeiras formas e noções geométricas (CASTELNUOVO, 1966, p. VII).

Não temos conhecimento sobre investigações históricas que tivessem tomado como objeto de estudo a análise de argumentos utilizados por autores de livros didáticos e elaboradores de programas oficiais brasileiros, particularmente daqueles que trabalharam entre o final do século XIX e começo do XX, para a defesa da manutenção da apresentação paralela de vários métodos historicamente produzidos de um mesmo tema. Num primeiro momento, poderíamos, para isso, conjeturar que esses argumentos estariam assentados em convicções de natureza pedagógica, por razões ligadas à persistência histórica de uma tradição escolar associada à dificuldade de tratamento de uma nova concepção, pela relativa proximidade histórica da produção de novas concepções, pela dificuldade de autores brasileiros daquele período terem acesso a estudos matemáticos que estariam sendo realizados em outros países, pelas características da formação dos professores de matemática brasileiros na época, etc.

A relativa proximidade histórica da produção de novas concepções parece se constituir em um elemento fundamental na análise das dúvidas e dificuldades manifestadas por autores brasileiros de livros didáticos desse período para lidar com algumas novas concepções. Essas dúvidas e dificuldades foram observadas pelos estudos apresentados por Silva (2000). Em seu texto, Silva toma como exemplo, as reflexões feitas por Cristiano Benedito Ottoni,[7] na 1ª edição de seus *Elementos de Álgebra*, em relação às quantidades negativas. Na segunda edição de tal obra, datada de 1856, encontramos novamente a apresentação de um item em que o autor analisa as dificuldades associadas ao trabalho com as quantidades negativas. A sua análise se inicia da seguinte forma:

> A interpretação das soluções negativas dos problemas torna necessário considerar expressões negativas isoladas, e aplicar-lhes as regras dos sinais estabelecidas para somar, diminuir, multiplicar ou dividir os termos subtrativos dos polinômios. Porém semelhante extensão não parece suscetível de uma demonstração à priori: ao menos aqueles que tentaram dá-la, não puderam fazê-lo com tal método e clareza, que satisfaça os espíritos refletidos. (OTTONI, 1856, p. 67)

Continuando a sua análise, após a apresentação de uma tentativa de demonstração em que utiliza a propriedade distributiva da

---

[7] Cristiano Benedito Ottoni (1811-1896) foi professor de Aritmética, Álgebra, Trigonometria e Geometria na Academia de Marinha de 1837 a 1855 e membro do Parlamento desde 1935. Escreveu livros para todas as disciplinas matemáticas que seriam adotados durante mais de trinta anos pelo Colégio Pedro II, escola criada em 1837, que seria referência para o Ensino Secundário brasileiro por mais de 100 anos.

multiplicação em relação à subtração e considera a unicidade de respostas a uma mesma expressão matemática, Ottoni ressalta que a subtração traz implícito o fato de que o minuendo deve ser menor que o subtraendo e que, portanto, o raciocínio empregado perde a significação. Conclui, então, que a ausência de uma demonstração convincente sobre as quantidades negativas não permitiu a sua inclusão na obra:

> A dificuldade provém do fato de que no cálculo das expressões negativas se procede, como se elas representassem quantidades de espécie particular, distinta das positivas; proposição que alguns têm avançado, mas que ninguém conseguiu demonstrar, e nem ainda tornar suficientemente clara e compreensível, para poder ser incluída nos Elementos de Álgebra. [...] a significação das expressões negativas, é questão que tem ocupado os maiores gênios que ilustrarão a história das Matemáticas. Contudo todas as teorias que pretendem dar-lhes existência própria e distinta das positivas parecem-nos origem de dúvidas, contradições e obscuridade. (OTTONI, 1856, p. 68)

Considerando que apenas ao final da década de 1860, teríamos uma teoria acerca das quantidades negativas que seria aceita pela comunidade de matemáticos, parece razoável e até interessante que um autor brasileiro de livros didáticos de Matemática trouxesse essa discussão para a sua sala de aula.

Cristiano B. Ottoni – Foto retirada da página 39 da Dissertação de Mestrado Os livros didáticos de matemática no Brasil do século XIX, *de Gláucia Márcia Loureiro da Costa, defendida na PUC-Rio de Janeiro, no ano 2000.*

História, positivismo e Matemática escolar

A influência do positivismo no Brasil, particularmente entre finais do século XIX e começos do XX, seria um fator decisivo e reforçador de várias formas de participação da história em livros didáticos e propostas oficiais brasileiras.

Na primeira lição de seu *Curso de filosofia positiva*, Auguste Comte assim se manifestava com relação à matemática escolar:

> [...] toda ciência pode ser exposta mediante dois caminhos essencialmente distintos: o caminho histórico e o caminho dogmático. Qualquer outro modo de exposição não será mais do que a combinação desses caminhos. Pelo primeiro procedimento, expomos sucessivamente os conhecimentos na mesma ordem efetiva segundo a qual o espírito humano os obteve realmente, adotando, tanto quanto possível, as mesmas vias. Pelo segundo, apresentamos o sistema de ideias tal como poderia ser concebido hoje por um único espírito que, colocado numa perspectiva conveniente e provido de conhecimentos suficientes, ocupar-se-ia de refazer a ciência em seu conjunto. O primeiro modo é evidentemente *aquele pelo qual começa, com toda necessidade, o estudo de cada ciência nascente, pois apresenta a propriedade de não exigir, para a exposição dos conhecimentos, nenhum novo trabalho distinto daquele de sua formação. Toda didática se resume, então, em estudar, sucessivamente, na ordem cronológica, as diversas obras originais que contribuíram para o progresso da ciência.* (COMTE, 1978, p. 27)

Essa orientação positivista das relações entre História e Educação Matemática seria interpretada e se manifestaria de formas diferenciadas na educação matemática brasileira. Em sua obra *Curso Elementar de Matemática: Álgebra*, de 1902, por exemplo, o professor positivista da Escola Politécnica do Rio de Janeiro, Aarão Reis, optou por incluir textos históricos em notas de rodapé. Pela seguinte análise dessa obra, realizada por Silva (2001), podemos perceber a preocupação do autor em seguir literalmente a orientação de Comte, ou seja, em estabelecer associações diretas entre a sua proposta pedagógica e a ordem cronológica das diversas obras originais que, a seu ver, teriam contribuído para o desenvolvimento histórico da Álgebra. É, provavelmente, por essa razão que:

Já na primeira página, quando introduz as noções elementares, inclui longo texto sobre a origem da palavra Álgebra. Nas páginas seguintes, continua abordando a evolução da Álgebra, a introdução das notações e fazendo referências a obras sobre a História da Matemática, como a de Moritz Cantor Vorlesung über Geschichte der Mathematik. Nessas notas apresenta também curtas biografias: D' Alembert, Lagrange, Newton, etc. Algumas vezes as notas de rodapé são tão extensas que quase se confundem com o texto propriamente dito. (SILVA, 2001, p. 139-140)

Uma outra obra que surge no Brasil relacionada à orientação positivista é a primeira tradução, em 1892, da obra *Eléments de géométrie* (1741), do matemático francês Alexis Claude Clairaut (1713-1765), tendo em vista a constituição de uma biblioteca positivista relacionada à Matemática em língua vernácula, conforme proposto por Comte. No posfácio, o tradutor José Feliciano, assim se manifesta com relação à importância de tal obra:

> Inaugurando com este monumento de clareza a série de tentativas para transladar a vernáculo as obras matemáticas da Biblioteca Positivista, tive sobretudo em mira aprender a facilitar a meus naturais o estudo da base lógica, imprescindível à iniciação enciclopédica. No dizer de Augusto Comte, é o melhor tratado didático sobre a geometria preliminar, e pode ser compreendido sem outro auxílio. [...] é bastante citar as frases que lhes dedica o Mestre dos mestres: "Este preâmbulo (à geometria preliminar) deve naturalmente começar por uma homenagem especial ao grande geômetra já citado (Clairaut) como sendo o único que aperfeiçoou o ensino matemático antes do advento do positivismo. O principal construtor da mecânica celeste não desdenhou abrir sua nobre carreira elaborando o melhor tratado didático sobre a geometria preliminar. (CLAIRAUT, 1892, p. 197 e 205)

Como vimos anteriormente, Clairaut optou em tomar a história como o fio orientador da produção de sua obra, tendo em vista produzir uma obra que pudesse ao mesmo tempo *interessar* e *esclarecer* aqueles que estariam iniciando os seus estudos em Geometria. Essa decisão, explicitada no prefácio seus *Eléments de géométrie*, teria levado muitos autores a considerar Clairaut como o primeiro autor que utilizaria o "princípio genético" no ensino de Matemática.

A expressão "princípio genético" é utilizada para designar uma versão pedagógica da "lei biogenética" de Ernst Haeckel (1834-1919). Essa lei sugeriu que, durante o seu desenvolvimento, o embrião humano atravessaria os mais importantes estágios pelos quais teriam passado os seus ancestrais adultos (RONAN, 1987, v. IV, p. 79). A versão pedagógica dessa lei considera que todo indivíduo, em sua construção particular do conhecimento, passaria pelos mesmos estágios que a humanidade teria passado na construção desse conhecimento.

A partir do século XIX, tornou-se quase que prática corrente recorrer ao chamado "princípio genético" como um modo aparentemente sensato e natural de se justificar a participação da história no processo de ensino-aprendizagem da Matemática escolar.[8]

Euclides de Medeiros Guimarães Roxo (1890-1950), defensor da implantação de propostas modernizadoras no ensino de Matemática brasileiro no Colégio Pedro II, em 1928, e na Reforma Francisco Campos, em 1931, no prefácio de seu livro *Curso de Mathematica Elementar*, v. 1, de 1929, se manifestou em favor do *método histórico* como um "princípio pedagógico de ordem geral, por todos francamente reconhecido, mas raramente respeitado", justificando a sua importância com base no seguinte argumento, provavelmente tomado de empréstimo ao destacado matemático Henri Poincaré,[9] a quem Roxo não se refere diretamente: "O educador deve fazer a criança passar novamente por onde passaram seus antepassados; mais rapidamente, mas sem omitir etapa. Por essa razão, a história da ciência deve ser nosso primeiro guia" (*apud* Roxo, 1929, p. 10).[10]

---

[8] Uma discussão mais aprofundada acerca das origens e interpretações do "princípio genético" será realizada no capítulo 2.

[9] Poincaré, em seu Science et Méthode, argumenta do seguinte modo em favor da participação da história no processo de ensino-aprendizagem da Matemática escolar: "Os zoólogos afirmam que o desenvolvimento embrionário de um animal resume em um tempo bastante curto toda a história de seus anscestrais de tempos geológicos. Parece que o mesmo pode ser dito a respeito do desenvolvimento da mente. O educador deve fazer com que a criança passe novamente por onde passaram os seus ascendentes; mais rapidamente, mas sem omitir etapas. Por essa razão, a história da ciência deve ser o nosso primeiro guia" (POINCARÉ, 1947, p. 135, grifos nossos).

[10] "L'éducateur doit faire repasser l'enfant par où ont passe sés pères; plus rapidement mais sans brûler d'étape. A ce compte, l'histoire de la science doit être notre premier guide"(*apud* Roxo, 1929, p. 10).

Apesar de Euclides Roxo manifestar a sua concordância acerca da importância da utilização pedagógica do "princípio genético", uma análise mais cuidadosa de sua obra não nos permite concluir se tal princípio teria sido realmente utilizado em sua elaboração. O volume 1 de sua obra é escrito em uma linguagem de fácil compreensão, evitando o uso excessivo de simbologia matemática, intercalando textos com exercícios, que surgem em momentos diferenciados, muitas vezes servindo como elo para algumas conclusões, e apresentando muitas situações cotidianas, que são desenvolvidas pelo autor ou propostas para os alunos. Além disso, o livro apresenta algumas notas históricas, integradas a um capítulo ou ao seu final, e alguns exercícios de natureza histórica. No volume 3 da mesma coleção, que é reservado à geometria dedutiva, "mais do que nos volumes anteriores, abundam as notas históricas, bem escritas e que exigem que o aluno tenha competência para ler. Não se tratam de 'pílulas' resumidas, mas sim de textos de uma ou duas páginas, sobre Euclides, Platão, os Elementos, etc." (Dassie *et al.*, 2002, p. 18).

As notas históricas presentes no volume 1, são muito breves e desempenham, na maior parte das vezes, o papel de apresentar algumas poucas informações históricas sobre o tema que está sendo discutido. Uma exceção acontece quando o *Crivo de Eratosthenes* é discutindo como um item específico do capítulo *Múltiplos e divisores – caracteres de divisibilidade*:

> **178. Crivo de Eratosthenes** – Vejamos como se pode fazer uma lista de todos os números primos menores que 100.
>
> Escrevemos todos os números em sua ordem natural até 100.
>
> 1 2 3 4 5 6 7 8 9 10
> 11 12 13 14 15 16 17 18 19 20
> 21 22 23 24 25 26 27 28 29 30
> .. ..
>
> Começando de 2, exclusive, riscamos todos os números de 2 em 2 e assim suprimimos os múltiplos de 2. O número primo imediato é 3; riscamos os números de 3 em 3 e assim suprimimos todos os múltiplos de 3. Alguns desses que são também múltiplos de 2 já estavam riscados. A partir de 5, riscamos os números de 5 em 5 e assim suprimimos os múltiplos de 5 e assim por diante...

Esse processo é conhecido por Crivo de Erastothenes, nome do matemático grego que o descobriu no século III a.C.

Desse modo, verifica-se que os números primos inferiores a 100 são:

1 2 3 5 7 11 13 17 19 23 29
31 37 41 43 47 53 59 61 67 71 73
79 83 89 97

(Roxo, 1929, p. 266)

Os exercícios de natureza histórica são introduzidos em um local adequado dentro de uma sequência de exercícios, sem que nenhuma contextualização seja realizada. A única referência que se trata de um problema histórico é a inclusão do nome do autor do procedimento matemático que será desenvolvido, como vemos no caso do triângulo de Pascal:

Formemos um quadro de números inteiros segundo a seguinte regra:

Escrevemos o algarismo 1, que supomos precedido e seguido de zeros; por baixo de cada algarismo escrevemos a sua soma com o algarismo precedente. O quadro assim obtido e que se chama triângulo aritmético de Pascal é o seguinte:

Mostre que:

1
1 1
1 2 1
1 3 3 1
1 4 6 4 1
1 5 10 10 5 1
1 6 15 20 15 6 1
1 7 21 35 35 21 7 1
1 8 28 56 70 56 28 8 1
1 9 36 84 126 126 84 36 9 1
1 10 45 120 210 252 210 44 10 1
. . . .

1º Qualquer número desse quadro é igual à soma de todos os que se acham acima dele na linha que o precede; assim 56 = 21 + 15 + 10 + 6 + 3 + 1.

2º Qualquer número é igual à soma dos que se acham sobre uma paralela à hipotenusa, subindo a partir do que se acha sobre ela até o número 1 da primeira coluna.

3º Cada linha é igual ao dobro da precedente.

4º Em cada linha a soma dos termos de ordem par é igual à dos de ordem ímpar

(Roxo, 1929, p. 84).

A impossibilidade de constatar a presença do "método histórico" na obra de Euclides Roxo, bem como na obra de Clairaut, nos remete a algumas novas reflexões acerca das possibilidades de existência de formas "implícitas" de participação da história no processo de ensino-aprendizagem da Matemática escolar.

Como ocorre no texto de Clairaut, é possível considerar que a história pode ser um elemento orientador na elaboração de atividades e situações-problema, de seleção e sequenciamento de tópicos de Matemática em livros didáticos, sem que elementos históricos sejam explicitamente colocados. Da mesma forma, essa participação implícita da história pode ser percebida na maneira como os tópicos matemáticos são selecionados e sequenciados em propostas para o ensino de Matemática em programas oficiais do ensino. A escolha dos tópicos e da sequência em que são apresentados muitas vezes é orientada pelo modo como os autores interpretam historicamente a produção de tais conhecimentos. De uma forma geral, podemos dizer que a história tem sido para muitos autores também uma fonte de seleção e constituição de sequências de tópicos de ensino por eles julgadas adequadas.

História, compreensão, significação e resolução de problemas

A partir de finais da década de 1980, momento em que se intensificam as críticas às propostas do *Movimento da Matemática Moderna* – que propunha uma Matemática escolar orientada pela lógica, pelos conjuntos, pelas relações, pelas estruturas matemáticas, pela axiomatização –, podemos perceber uma crescente ampliação de manifestações da participação da história em textos dirigidos à prática pedagógica de Matemática.

Essa "retomada" da participação da história pode ser percebida, por exemplo, na *Proposta Curricular para o Ensino de Matemática – 1º grau*, do Estado de São Paulo, produzida na última metade da década de 1980, em substituição aos *Guias curriculares propostos para as matérias do núcleo comum do ensino de 1º grau*, elaborados em meados da década de 1970, segundo uma orientação modernista.

Nessa proposta, podemos identificar a participação da história ao menos sob três formas diferenciadas: como elemento orientador da sequência de trabalho com um tema específico, os números; na apresentação de diferentes métodos históricos; na discussão de problemas de natureza histórica.

A orientação da história no estudo dos números é explicitada no texto *Os conteúdos e a abordagem*. Essa decisão parece ter sido a alternativa encontrada pelos elaboradores para romper com a hierarquia estrutural dos números, uma das características da organização de propostas elaboradas segundo as orientações modernistas. Para os elaboradores, a opção pelo "fio condutor que a história propicia" forneceria a abordagem mais adequada para tornar o estudo dos números mais significativo.

> Pode-se estudar os números a partir de sua organização em conjuntos numéricos, passando-os dos Naturais aos Inteiros, aos Racionais, aos Reais, tendo como fio condutor as propriedades estruturais que caracterizam tais conjuntos, ou pode-se estudá-los acompanhando a evolução da noção de número a partir tanto de contagens como de medidas, sem ter ainda as propriedades estruturais claramente divisadas, *deixando-se guiar pelo fio condutor que a História propicia* e trocando assim uma sistematização prematura por uma abordagem mais rica em significados. Nessa proposta, optou-se por essa última abordagem... (São Paulo, 1988, p. 11, grifos nossos)

Nessa justificativa apresentada pelos elaboradores da proposta, encontramos explicitamente o argumento de que a história pode ser uma fonte de busca de compreensão e de significados para o ensino-aprendizagem da Matemática escolar na atualidade. Meserve, professor da Universidade de Vermont, durante o 4º ICME (4th International Congress on Mathematical Education), expôs um ponto de vista semelhante ao defender que a História da Matemática aparece como um elemento que poderia subsidiar a compreensão de certos tópicos matemáticos por parte do estudante, tópicos que lhe deveriam ser ensinados a partir de técnicas de resolução de problemas práticos (MESERVE, 1980, p. 398).

Um ponto de vista que estaria próximo ao de Meserve, porém não mais centrado exclusivamente no apelo à noção de *problema histórico*, foi defendido por Zúñiga (1988). Além do aspecto motivador, Zúñiga reserva à História da Matemática o papel de um elemento esclarecedor do sentido das teorias e dos conceitos matemáticos que deverão ser estudados. E, segundo ele, esse papel só poderia ser cumprido não através da inserção de breves informações históricas introdutórias dessas teorias e conceitos, mas efetivamente da utilização da *ordem histórica da construção matemática* devidamente adaptada ao estado atual do conhecimento. Ao propor o ponto de vista de uma *ordem histórica adaptada ao presente*, Zúñiga esclarece que não quer dizer com isso que se deva, no plano do ensino-aprendizagem da matemática, reproduzir mecanicamente a ordem cronológica de constituição dos conceitos matemáticos na história. Todavia, com base na crença de que o processo de transformação de qualquer ciência na história obedeceria a uma certa *lógica interna*, a tarefa que se colocaria aos professores que intencionam fazer a História participar do processo de ensino-aprendizagem da Matemática seria a de se "buscar um equilíbrio verdadeiramente dialético entre essa lógica interna e a história de sua evolução conceptual, enfatizando a importância do segundo" (ZÚÑIGA, 1988, p. 34).

Tal como para Zúñiga, Jones (1969) acredita que é na possibilidade de desenvolvimento de um ensino da Matemática escolar baseado na compreensão e na significação que se realizaria a função pedagógica da história.

É claro que, subjacente a todo processo de ensino-aprendizagem que visa à compreensão e à significação, estão o levantamento e a discussão dos porquês, isto é, das razões para a aceitação de certos fatos, raciocínios e procedimentos por parte do estudante. Nesse sentido, Jones acredita na existência de três categorias de porquês que deveriam ser levadas em consideração por todos os que se propõem a ensinar Matemática: os porquês cronológicos, os porquês lógicos e os porquês pedagógicos (JONES, 1969).

Os porquês cronológicos são aquelas explicações cuja legitimidade não poderia ser caracterizada como uma necessidade de natureza lógica. Ao contrário, são razões de natureza histórica, cultural, casual, convencional que estariam na base de sua aceitação. Exemplos disso seriam as respostas que poderíamos dar a questões do tipo:
- por que uma circunferência "possui" 360º?
- por que "há" 60 segundos em um minuto?
- por que o zero se chama zero ou o seno se chama seno?

Já os porquês lógicos seriam aquelas explicações cuja aceitação se basearia na decorrência lógica de proposições previamente aceitas ou no desejo de compatibilização lógica de duas ou mais afirmações não necessariamente compatíveis. Exemplos disso seriam as respostas que poderíamos dar a questões do tipo:
- que o produto de dois números negativos é um número positivo?
- por que a raiz quadrada de 2 é igual a dois elevado ao expoente um meio?

É claro que, nessa categoria, poderiam também ser incluídas todas as questões relativas à compreensão da natureza de um sistema axiomático.

Por sua vez, os porquês pedagógicos seriam aqueles procedimentos operacionais que geralmente utilizamos em aula e que se justificam mais por razões de ordem pedagógica do que históricas ou lógicas. Exemplo disso seria a resposta que um professor poderia dar à questão: por que você ensina a extrair o maior divisor comum entre dois números pelo método das subtrações sucessivas e não pelo da decomposição simultânea ou outro qualquer?

À primeira vista, essa categorização parece nos sugerir que a história só poderia intervir como instrumento auxiliar na explicação da primeira categoria de porquês, isto é, dos porquês cronológicos. Não é isso, porém, o que pensa Jones. Para ele, a história não só pode como deve ser o fio condutor que amarraria as explicações que poderiam ser dadas aos porquês pertencentes a qualquer uma das três categorias. É na defesa dessa possibilidade que se revelaria o poder da história para a promoção de um ensino-aprendizagem da Matemática escolar baseado na compreensão e na significação.

Uma outra forma de participação da história manifestada na *Proposta Curricular para o Ensino de Matemática – 1º grau*, do Estado de São Paulo, diz respeito ao uso de problemas históricos. Essa opção associa-se à abordagem pedagógica enfatizada pela proposta, ou seja, a resolução de problemas, que é entendida pelos elaboradores como o recurso mais adequado para propiciar uma participação ativa e questionadora do aluno no processo de ensino-aprendizagem da Matemática. No texto intitulado *Conteúdos e Observações de Ordem Metodológica* são apresentadas algumas sugestões de trabalho com problemas históricos, tais como Eratóstenes e a medida da terra; um problema de Bhaskara, publicado em seu livro *Lilavati*.

Podemos considerar a utilização de problemas históricos como mais um elemento motivador para o ensino de Matemática. Realmente, a busca de esquemas motivadores para as aulas de Matemática, via utilização da história, tem se deslocado mais recentemente de um plano no qual eles são entendidos de forma meramente externa ao conteúdo do ensino, para outro em que essa motivação aparece vinculada e produzida no ato cognitivo da solução de um problema.

Através de uma das propostas surgida no 5º Congresso Internacional de Educação Matemática (5th ICME, Adelaide, 1984), passou-se a difundir e reforçar a ideia de que a Matemática pode ser desenvolvida pelo estudante mediante a resolução de problemas históricos, a apreciação e a análise das soluções apresentadas a esses problemas por nossos antepassados. Esse ponto de vista baseia-se no pressuposto de que, se a resolução de um problema constitui por si só uma atividade altamente motivadora, o fato de esse problema poder se vincular à história elevaria, quase que automaticamente, o seu potencial motivador.

Para Swetz (1989), por exemplo, os problemas históricos motivam porque:
- possibilitam o esclarecimento e o reforço de muitos conceitos, propriedades e métodos matemáticos que são ensinados;

- constituem veículos de informação cultural e sociológica;
- refletem as preocupações práticas ou teóricas das diferentes culturas em diferentes momentos históricos;
- constituem meios de aferimento da habilidade matemática de nossos antepassados;
- permitem mostrar a existência de uma analogia ou continuidade entre os conceitos e processos matemáticos do passado e do presente.

A título de ilustração, seguem-se alguns dos problemas selecionados por Swetz (1989), produzidos por diferentes culturas em diferentes épocas e enunciados em linguagem atual, e considerados potencialmente motivadores:

1. Qual é o maior círculo que pode ser inscrito em um triângulo retângulo cujos catetos medem 8 e 15 unidades? (Este é o décimo quinto problema do capítulo nono do manuscrito chinês *Jiu Zhang Suanshu – Nove capítulos sobre a arte matemática*, escrito por volta do século I a.C. Tanto o problema quanto a figura abaixo foram extraídos de (SWETZ, 1989, p. 371).) Com exceção das letras de nosso alfabeto, esta é a ilustração que aparece originalmente no manuscrito chinês, nela incluídos a rede quadriculada e o erro gráfico na construção do círculo).

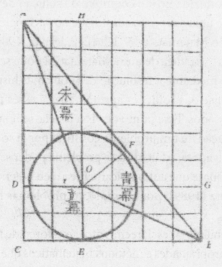

2. Há uma muralha circular em torno de uma cidade, da qual não se conhece o diâmetro. Há 4 portões na muralha, situados a Norte, a Sul, a Leste e a Oeste. Uma árvore alta, na parte externa da muralha, está situada a três unidades na direção Norte do portão que fica a Norte. Quando saímos da cidade pelo portão do Sul e caminhamos na direção Leste, devemos andar 9 unidades de medida para poder avistar a árvore. Determine o diâmetro da muralha e também o comprimento de sua circunferência. (Um dos problemas contidos no texto *Ts'-e-yuan-hai-ching – Espelho marítimo das medidas do círculo* – escrito pelo algebrista chinês Li Chih, por volta do ano 1248 da era cristã. Tanto o enunciado do problema quanto a figura que a ele se refere foram extraídos de (SWETZ, 1977, p. 64). Para resolvê-lo, Li recorre a uma equação do décimo grau e apresenta, para o diâmetro da muralha, a resposta 9 unidades de medida).

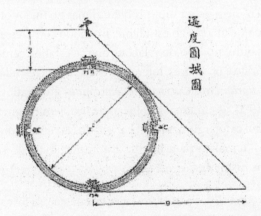

3. Para se confeccionar uma vela de navio foram utilizados 1000 cúbitos quadrados de tecido. Sabendo-se que a razão entre a altura e a largura da vela é 1: 1 ½ , qual é a altura da vela? (Problema extraído de (SWETZ, 1989, p. 373). O autor o apresenta com o propósito de se estimar a altura do mastro de um navio egípcio do período de 250 a.C. A resposta dada por ele é 25,8 cúbitos).

4. Com uma quantidade de trigo que custa 8 liras, os padeiros fazem um filão de pão pesando 6 onças. Qual é o peso de

um filão de pão que foi feito com uma quantidade de trigo que custou 5 liras? (Problema extraído de (SWETZ, 1989, p. 373). O autor o apresenta com o propósito de se estimar o tamanho de um filão de pão na Europa do século XV). A resposta dada por ele é 9 onças mais 3/5 de onça).

Ainda que problemas dessa ou de outra natureza possam, de fato, levar a um envolvimento do estudante com a Matemática, isso não deveria ser visto como um poder automático e intrínseco do próprio problema, mas da maneira como tais problemas participam do projeto pedagógico do professor e da maneira como os estudantes se relacionam com eles. De certa maneira, portanto, os mesmos comentários críticos que fizemos aos defensores da participação da história como forma de motivação, aplicam-se àqueles que tentam estabelecer uma vinculação determinista entre problemas históricos e motivação, uma vez que o aspecto motivador de um problema não reside no fato de ser ele "histórico" nem de ser um "problema", mas no maior ou menor grau de desafio que oferece ao estudante, no modo como esse desafio é por ele percebido, no tipo de relações que se estabelecem entre o problema histórico e os valores, interesses e vivência do estudante, etc.

Os atuais *Parâmetros Curriculares Nacionais*, divulgados ao final da década de 1990, assumem a resolução de problemas como um de seus pilares e buscam argumentos relacionados ao desenvolvimento histórico da Matemática para justificar a importância do trabalho com problemas históricos.

> A própria História da Matemática mostra que ela foi construída como resposta a perguntas provenientes de diferentes origens e contextos, motivadas por problemas de ordem prática (divisão de terras, cálculo de créditos), por problemas vinculados a outras ciências (Física, Astronomia), bem como por problemas relacionados a investigações interna à própria matemática. (BRASIL, 1998, p. 40)

História e desmistificação da Matemática

Além de constituir um espaço privilegiado para a seleção de problemas, os *Parâmetros* consideram várias outras funções que a história poderia desempenhar em situações de ensino, tais como o desenvolvimento de atitudes e valores mais favoráveis diante do conhecimento matemático, o resgate da própria identidade cultural, a compreensão das relações entre tecnologia e herança cultural, a constituição de um olhar mais crítico sobre os objetos matemáticos, a sugestão de abordagens diferenciadas e a compreensão de obstáculos encontrados pelos alunos.

Muitos autores defendem a importância da história no processo de ensino-aprendizagem da matemática por considerar que isso possibilitaria a desmistificação da Matemática e o estímulo à não alienação do seu ensino. Os defensores desse ponto de vista acreditam que a forma lógica e emplumada através da qual o conteúdo matemático é normalmente exposto ao aluno, não reflete o modo como esse conhecimento foi historicamente produzido. Então, caberia à história estabelecer essa consonância desmistificando, portanto, os cursos regulares de Matemática, que transmitem a falsa impressão de que a Matemática é harmoniosa, de que está pronta e acabada, etc. Esse ponto de vista foi defendido por Morris Kline, eminente professor do Instituto Courant de Ciências Matemáticas da Universidade de Nova York e um dos grandes historiadores dessa ciência. Segundo ele,

> [...] os cursos regulares de matemática são mistificadores num aspecto fundamental. Eles apresentam uma exposição do conteúdo matemático logicamente organizada, dando a impressão de que os matemáticos passam de teorema a teorema quase naturalmente, de que eles podem superar qualquer dificuldade e de que os conteúdos estão completamente prontos e estabelecidos [...]. As exposições polidas dos cursos não conseguem mostrar os obstáculos do processo criativo, as frustrações e o longo e árduo caminho que os matemáticos tiveram que trilhar para atingir uma estrutura considerável. (KLINE, 1972, p. IX)

Pensamos ser esse ponto de vista de Kline bastante importante, sobretudo quando se tem em vista fazer com que a História da Matemática participe de forma orgânica no processo de formação de professores de Matemática. Como todos sabemos, as chamadas disciplinas de conteúdo matemático que integram a grade curricular de tais cursos ainda estão centradas quase que exclusivamente em abordagens axiomático-dedutivas que, mais preocupadas com o rigor formal e com o encadeamento lógico de conceitos e proposições, descartam outros elementos de extrema importância para o professor que deverá atuar em instituições escolares, tais como a constituição desses conceitos e proposições em diferentes práticas sociais na história, as relações que poderiam ser estabelecidas entre conceitos e proposições que participam na atualidade de teorias formais independentes, os diferentes quadros ou campos semânticos em que tais conceitos e proposições poderiam ser abordados e as significações diferenciadas que assumem no interior desses quadros ou campos, os usos sociais que foram e são feitos de tais conceitos e proposições em diferentes práticas, etc.

Dessa forma, podemos entender ser possível buscar na História da Matemática apoio para se atingir, com os alunos, objetivos pedagógicos que os levem a perceber, por exemplo: (1) a matemática como uma criação humana; (2) as razões pelas quais as pessoas fazem matemática; (3) as necessidades práticas, sociais, econômicas e físicas que servem de estímulo ao desenvolvimento das ideias matemáticas; (4) as conexões existentes entre matemática e filosofia, matemática e religião, matemática e lógica, etc.; (5) a curiosidade estritamente intelectual que pode levar à generalização e extensão de ideias e teorias; (6) as percepções que os matemáticos têm do próprio objeto da matemática, as quais mudam e se desenvolvem ao longo do tempo; (7) a natureza de uma estrutura, de uma axiomatização e de uma prova.

O principal defensor desse ponto de vista foi o matemático P. S. Jones (JONES, 1969). Embora para ele fosse desejável que esses objetivos estivessem presentes na formação do homem contemporâneo, é claro que não devemos pressupor – ainda que Jones nada diga a esse respeito – que eles pudessem ser atingidos a partir de qualquer tipo de constituição histórica das ideias matemáticas. Não poderíamos, por exemplo, esperar que o terceiro dos objetivos mencionados pudesse ser trabalhado a partir de uma história descontextualizada e internalista das ideias matemáticas, assim como o primeiro e o sexto não poderiam ser contemplados por uma história da Matemática escrita segundo uma concepção platônica, se é que, a rigor, sob uma concepção platônica, a Matemática chegaria a ter, de fato, uma história.

Nos *Parâmetros Curriculares Nacionais*, a proposta de valorização de histórias sociais e culturais da Matemática e do questionamento da história da Matemática única, de característica eurocentrista, aproxima-se da posição manifestada por Gerdes, por nós considerada anteriormente. Essa aproximação pode ser particularmente percebida no item *Pluralidade Cultural*, no qual o texto expressa a importância de ser realizado um trabalho que aproxime a História da Matemática do Programa Etnomatemática, tendo em vista "explicitar a dinâmica da produção desse conhecimento, histórica e socialmente". Segundo os Parâmetros, é de extrema importância que em situações de ensino sejam consideradas "as contribuições significativas de culturas que não tiveram hegemonia política" e, também, que seja realizado "um trabalho que busca explicar, entender e conviver com procedimentos, técnicas e habilidades matemáticas desenvolvidas no entorno sociocultural próprio a certos grupos sociais".

Em suas *Orientações Didáticas*, entretanto, texto em que são apresentadas algumas sugestões para o trabalho pedagógico, não encontramos sugestões de trabalho para alguns dos elementos mencionados nos textos introdutórios, em especial para aqueles relacionados à nossa cultura. Na parte reservada aos números naturais, por exemplo, os elementos históricos dizem respeito a povos de antigas civilizações que constam de livros clássicos sobre a história dos números:

> Nos terceiro e quarto ciclos os problemas relacionados à evolução histórica dos números podem ser usados como interessantes contextos para ampliar a visão dos alunos sobre os números naturais, não apenas relatando como se deu essa evolução, mas explorando as situações com as quais as civilizações antigas se defrontam, como: as limitações dos sistemas não posicionais, os problemas com a representação numérica antes do surgimento do zero, os procedimentos de cálculo utilizados pelas civilizações suméria, egípcia, grega, maia, chinesa etc. Mostrar que a história dos números está ligada à das necessidades e preocupações de povos que, ao buscar recensear seus membros, seus bens, suas perdas, ao procurar datar a fundação de suas cidades e as suas vitórias, usando os meios disponíveis, construíram interessantes sistemas de numeração. Quando foram além e se impuseram a obrigação

de representar grandes quantidades, como exprimir a quantidade de dias, meses e anos a partir de uma data específica ou de tentar fazer cálculos utilizando os próprios símbolos do sistema, foram colocados no caminho da numeração posicional. (BRASIL, 1998, p. 96)

Embora possamos entender que nessas considerações os *Parâmetros* optaram por considerar o desenvolvimento histórico como seu "fio orientador", alguns elementos apresentados sugerem uma abordagem diferenciada de outras por nós anteriormente analisadas. Esses elementos dizem respeito, particularmente, às dificuldades com as quais as civilizações antigas se defrontaram e às decisões que tomaram em seu caminho de construção dos números. Isso parece estar associado à opção manifestada pelos *Parâmetros Curriculares Nacionais*, em suas *Orientações Didáticas*, pelo trabalho com a teoria dos obstáculos epistemológicos. Essa teoria considera que o estudo dos obstáculos encontrados por "representantes típicos da comunidade científica de épocas determinadas" (GLAESER, 1985, p. 31) podem fornecer elementos para orientar as situações didáticas. A opção pela teoria dos obstáculos epistemológicos aparece de forma mais explícita nas seguintes orientações didáticas propostas para o trabalho com os números inteiros:

> A fim de auxiliar a escolha de caminhos mais adequados para abordar os inteiros, é importante reconhecer alguns obstáculos que o aluno enfrenta ao entrar em contato com esses números, como:
> - conferir significado às quantidades negativas;
> - reconhecer a existência de números em dois sentidos a partir de zero, enquanto para os números naturais a sucessão acontece num único sentido;
> - reconhecer diferentes papéis para o zero (zero absoluto e zero-origem);
> - perceber a lógica dos números negativos, que contraria a lógica dos números naturais – por exemplo, é possível "adicionar 6 a um número e obter 1 no resultado", como também é possível "subtrair um número de 2 e obter 9";
> - interpretar sentenças do tipo $x = -y$ (o aluno costuma pensar que necessariamente x é positivo e y é negativo). (BRASIL, 1998, p. 98)

Essa abordagem diferencia-se daquelas por nós analisadas até o momento. Trata-se de uma abordagem que não apresenta necessariamente elementos históricos explícitos nem considera "o princípio genético" da mesma maneira que outras o fizeram. Para essa abordagem, os obstáculos encontrados pelos produtores de conhecimentos matemáticos é que orientarão a proposta de ensino.[11]

História e diversidade de abordagens

A partir da década de 1990, presenciamos a ampliação do trabalho com elementos históricos não apenas em propostas curriculares como também em coleções de paradidáticos e de livros didáticos. Essa ampliação seria acompanhada de uma grande diversidade de formas de abordagem e de características relativamente à natureza da história a que se recorre.

A opção por uma abordagem que enfatiza a construção do conhecimento pelo estudante, levaria as autoras Ana Lúcia Bordeaux, Cléa Rubinstein, Elizabeth França, Elizabeth Ogliari e Gilda Portela, do livro *Matemática na vida e na escola*, 8ª série, 1999, a utilizar a história atribuindo-lhe funções pedagógicas diferenciadas.

Na introdução da discussão relativa às equações de 2º grau, situações-problema surgem integradas a um texto histórico sobre o desenvolvimento da álgebra, que é complementado por figuras e mapas. Em dois momentos desse texto, quando são feitas referências às contribuições de Bhaskara, são destacados dois problemas retirados, respectivamente, de *Lilavati* e *Al-jabr*, que os alunos, em duplas, são solicitados a resolver. O último deles servirá de pretexto para a continuidade do trabalho com o tema. Os problemas propostos são:

> De um monte de puras flores de lótus, um terço, um quinto e um sexto foram oferecidos respectivamente para os deuses Siva, Vixnu e ao Sol; um quarto foi dado de presente a Bhavani.

---
[11] Uma discussão mais aprofundada sobre essa abordagem será realizada no capítulo 2.

As restantes seis flores foram dadas ao venerável preceptor. Diga-me, rapidamente, o número total de flores...

Dividir dez em duas partes de modo que a soma dos produtos obtidos, multiplicando cada parte por si mesma, seja igual a cinquenta e oito. (FRANÇA et al., 1999, p. 69-70)

A partir da solução encontrada pelos alunos para a resolução do segundo problema, através de tentativas, conforme sugestão do texto, é apresentada e analisada a equação de 2º grau que representa a situação apresentada pelo problema. Após exercícios sobre graus de equações e de verificação de raízes particulares dessas equações, é introduzido O método de Al-Khwarizmi. Para isso, as autoras utilizam a linguagem algébrica acompanhada de sua representação geométrica. A equação escolhida para a apresentação do método é $x^2 + 4x - 32 = 0$, que é desenvolvida de maneira análoga ao segundo método de resolução da equação $x^2 + 10x = 39$, apresentado por Al-Khwarizmi em seu livro Al-Jabr Wa l-Muqabala (c.860). Após algumas atividades propostas para que os alunos resolvam equações de 2º grau por meio do método de completar quadrados, as autoras iniciam um trabalho com trinômios quadrados perfeitos, que culminará com o desenvolvimento da fórmula geral de resolução da equação de 2º grau, sem que nenhuma menção seja feita aos hindus em geral ou a Bhaskara em particular.

Apesar de a maior parte dos livros didáticos brasileiros atuais ainda priorizarem uma história da Matemática propriamente dita, encontramos no livro de Antonio José Lopes Bigode, *Matemática Atual*, 6ª série, de 1994, uma preocupação com a introdução de elementos da história da Educação Matemática brasileira.

Nesse livro, o autor apresenta um texto característico de um professor brasileiro e autor de livros para que os alunos discutam qual a solução do problema que estaria implícito na história contada. Trata-se de um texto de autoria de Malba Tahan – *A estória dos 35 camelos* –, presente em sua obra *O homem que calculava*, que é antecedido por uma foto do autor em trajes árabes. A preocupação do autor em apresentar elementos da história da educação matemática brasileira é confirmada pelo seguinte comentário que apresenta nas orientações para os professores:

A estória dos 35 camelos

Este maravilhoso fragmento do grande clássico *O homem que calculava*, de Malba Tahan, Ed. Record, é uma boa oportunidade de trazer a cultura e a literatura para as aulas de matemática. Recomenda-se a leitura do livro para professores e aluno. (BIGODE, 1994, Manual do Professor, p. 8)

Com relação à presença de textos históricos que se propõem a fornecer ao aluno informações históricas, presentes em muitos livros didáticos atuais brasileiros, encontramos algumas diferenciações na forma como tais informações são introduzidas bem como nos objetivos da introdução.

No livro *Matemática para todos*, 8ª série, 2002, de Luiz Márcio Imenes e Marcelo Lellis, por exemplo, encontramos a utilização de informações históricas tendo em vista a discussão acerca da adequação do nome de Bhaskara para a denominação da fórmula resolutiva das equações de 2º grau. Após a resolução direta de uma equação de 2º grau, através de uma fórmula denominada de fórmula de Bhaskara pelos autores, é feita uma chamada em um desenho solicitando que o aluno procure, no dicionário presente na obra, quem seria esse personagem. No dicionário, o aluno encontra o seguinte esclarecimento:

▪**Bhaskara**

Matemático indiano que viveu por volta do ano 1100. Fez várias descobertas, mas não é de sua autoria a fórmula que leva seu nome e resolve a equação de 2º grau. Na verdade, a resolução da equação já era conhecida antes. (IMENES; LELLIS, 2002, p. 326)

Imenes e Lellis, 2002, 8ª série, p. 111.

Esperando que o aluno fique surpreendido com a informação oferecida no dicionário, os autores utilizam de uma ilustração para indicar que, ao final do capítulo, essa questão será esclarecida.

Realmente, ao final do capítulo é apresentado um texto histórico no qual os autores demonstram a fórmula de Bhaskara e apresentam argumentos históricos que procuram contestar essa autoria. Na verdade, para esses autores, a fórmula parece estar mais relacionada a *Al-Khwarizmi* do que a *Bhaskara*:

> Bhaskara viveu na Índia por volta de 1150. Esse ilustre matemático resolveu vários problemas complicados, alguns dos quais envolviam equações de 2º grau. No entanto, muito antes dele, a resolução da equação já era conhecida. Os historiadores encontraram indícios de que, na civilização da Babilônia, em 1700 a. C., já eram resolvidas algumas equações de 2º grau. Depois dessa época remota, parece ter sido Al-Khowarizmi, no século IX, o maior especialista no assunto. [...] Depois do século XVI, quando os matemáticos já sabiam calcular com letras, somar monômios e polinômios e fatorar, eles obtiveram a fórmula de Bhaskara, seguindo as ideias de Al-Khowarizmi. (IMENES; LELLIS, 2002, 8ª série, p. 124)

O questionamento levantado por Imenes e Lellis torna-se ainda mais interessante se considerarmos que diz respeito a uma denominação que parece ser utilizada apenas por livros didáticos brasileiros,[12] apesar de os autores não mencionarem tal fato. Trata-se, portanto, de um elemento histórico associado à história da educação matemática brasileira.

A natureza dos argumentos reforçadores das potencialidades pedagógicas da História

A análise que realizamos neste capítulo acerca da participação do discurso histórico em produções brasileiras destinadas à Matemática escolar e de diferentes pontos de vista de autores que põem em destaque e/ou operacionalizam formas de participação da história no âmbito da Educação Matemática, levou-nos a identificar diferenças

---

[12] Para maiores esclarecimentos acerca da atribuição do nome de Bhaskara, no Brasil, à fórmula resolutiva de equações do segundo grau, veja o artigo de Carvalho *et al.* (2003).

entre as características das histórias abordadas, os argumentos utilizados para justificar a participação dessas histórias no ensino-aprendizagem e a forma como, efetivamente, a história acaba participando.

Com relação aos argumentos utilizados para justificar a participação da história no processo de ensino-aprendizagem da Matemática, pudemos identificar a existência de duas categorias diferenciadas, embora não necessariamente excludentes: os de natureza epistemológica e os de natureza ética. Essa categorização foi estabelecida considerando o modo como se concebe a natureza dos elementos considerados determinantes ou, pelo menos, condicionadores da aprendizagem matemática e/ou da natureza das atitudes e dos valores, isto é, da natureza da aprendizagem ética, via aprendizagem matemática, que se deseja promover entre os estudantes.

Com base na análise por nós realizada, particularmente a da literatura pertinente, pudemos identificar, até o momento, os seguintes tipos de argumentos de natureza epistemológica e ética, estabelecidos por autores diversos e de épocas diversas, dentre os quais se destacam matemáticos, historiadores da Matemática e investigadores em Educação Matemática (MIGUEL, 1993, 1997, 1999a, 1999b):

Argumentos de natureza epistemológica[13]
- fonte de seleção e constituição de sequências adequadas de tópicos de ensino;
- fonte de seleção de métodos adequados de ensino para diferentes tópicos da Matemática escolar;
- fonte de seleção de objetivos adequados para o ensino-aprendizagem da Matemática escolar;
- fonte de seleção de tópicos, problemas ou episódios considerados motivadores da aprendizagem da Matemática escolar;
- fonte de busca de compreensão e de significados para o ensino-aprendizagem da Matemática escolar na atualidade;
- fonte de identificação de obstáculos epistemológicos de origem epistemológica para se enfrentar certas dificuldades

---

[13] Estamos, aqui, utilizando o adjetivo "epistemológico" no sentido de que os argumentos a que estamos nos referindo estão focalizando centralmente o conhecimento matemático propriamente dito, e não outros domínios da Filosofia tais como o axiológico, o estético, o metodológico, etc. Mais adiante, entretanto, iremos contestar essa distinção rígida.

que se manifestam entre os estudantes no processo de ensino-aprendizagem da Matemática escolar;
- fonte de identificação de mecanismos operatórios cognitivos de passagem a serem levados em consideração nos processos de investigação em Educação Matemática e no processo de ensino-aprendizagem da Matemática escolar.

Argumentos de natureza ética
- fonte que possibilita um trabalho pedagógico no sentido de uma tomada de consciência da unidade da Matemática;
- fonte para a compreensão da natureza e das características distintivas e específicas do pensamento matemático em relação a outros tipos de conhecimento;
- fonte que possibilita a desmistificação da Matemática e a desalienação do seu ensino;
- fonte que possibilita a construção de atitudes academicamente valorizadas;
- fonte que possibilita uma conscientização epistemológica;
- fonte que possibilita um trabalho pedagógico no sentido da conquista da autonomia intelectual;
- fonte que possibilita o desenvolvimento de um pensamento crítico, de uma qualificação como cidadão e de uma tomada de consciência e de avaliação de diferentes usos sociais da Matemática;
- fonte que possibilita uma apreciação da beleza da Matemática e da estética inerente a seus métodos de produção e validação do conhecimento;
- fonte que possibilita a promoção da inclusão social, via resgate da identidade cultural de grupos sociais discriminados no (ou excluídos do) contexto escolar.

Argumentos questionadores das potencialidades pedagógicas da História

Para finalizar este capítulo, consideramos necessário ressaltar que nem todos os autores defendem e incentivam a participação da História no processo de ensino aprendizagem da Matemática.

Há aqueles que têm levantado problemas e objeções em relação a essa participação. Os argumentos utilizados por esses autores dizem respeito: à ausência de literatura adequada, à natureza imprópria da literatura disponível, à história como um fator complicador, a ausência do sentido de progresso histórico.

O primeiro argumento afirma que o uso da história da Matemática por parte do professor torna-se problemático devido à quase ausência de literatura adequada sobre a história da Matemática anterior aos dois últimos séculos. Isso impediria a utilização pedagógica da história porque a maior parte daquilo que é usualmente ensinado de Matemática em nossas escolas de 1º e 2º graus pertence a esse período.

Pensamos que esse argumento, levantado por Grattan-Guinness (1973, p. 445) e Byers (1982), menos do que um entrave ao desenvolvimento das relações entre história e pedagogia, deveria ser entendido como um apelo à necessidade de constituição de núcleos de pesquisa em História da Matemática dos quais façam parte historiadores, matemáticos e educadores matemáticos e outros profissionais que possam contribuir para a elaboração de reconstituições esclarecedoras de épocas, temas, situações e biografias.

O segundo argumento que se coloca em continuidade direta com o primeiro, afirma que a natureza da literatura histórica disponível a torna particularmente imprópria à utilização didática. Isso porque é uma característica específica das publicações matemáticas destacar unicamente os resultados matemáticos e ocultar a sua forma de produção. Devido a isso, aquilo que poderia ter alguma importância pedagógica – isto é, os métodos extralógicos subjacentes aos processos de descoberta – estariam irremediavelmente perdidos, e a reconstituição deles constituiria um empreendimento extremamente complexo mesmo para um historiador profissional. Quem nos chama a atenção para esse fato é também Byers (1982, p. 62).

Acreditamos, porém, que esse argumento, embora legítimo, deveria ser encarado menos como uma barreira intransponível às iniciativas pedagógicas que buscam uma vinculação entre a história e a Educação Matemática, e mais como um estímulo à continuidade das investigações nesse sentido. Isso porque a existência de lacunas ou silêncios apontados por Byers não se coloca como problema exclusivo aos historiadores da matemática, mas constitui parte integrante do trabalho de qualquer historiador de ofício e talvez essas lacunas não sejam impermeáveis às reconstituições. De fato, assinala Carr,

> [...] a história tem sido vista como um enorme quebra-cabeças com muitas partes faltando. Mas o principal problema não consiste em lacunas. Nossa imagem da Grécia do século V a.C. é incompleta, não porque tantas partes se perderam por acaso, mas porque é, em grande parte, o retrato feito por um pequeno grupo de pessoas de Atenas. Nós bem sabemos como a Grécia era vista por um cidadão ateniense; mas não sabemos praticamente nada de como era vista por um espartano, um corintiano ou um tebano – para não mencionar um escravo ou outro não cidadão residente em Atenas. Nossa imagem foi pré-selecionada e pré-determinada para nós, não tanto por acaso mas porque pessoas estavam imbuídas de uma visão particular, consciente ou inconscientemente... (CARR, 1987, p. 16)

Um terceiro argumento afirma que a introdução do elemento histórico no ensino da matemática, em vez de facilitar a aprendizagem, acabaria por complicá-la ainda mais. Isso porque o estudante, quando confrontado com os problemas originais e com as soluções que historicamente lhes foram dadas, dispenderia um tempo e um esforço sem precedentes, tentando reconstruir um contexto que não lhe é familiar.

Esse argumento é também levantado por Grattan-Guinness que, com base nele, afirma: "se um livro-texto sobre algum ramo da matemática fosse escrito em uma linha histórica, ele seria o livro mais difícil do mercado" (GRATTAN-GUINNESS, 1973, p. 446).

Em contrapartida, acrescenta que o que se perde em tempo e energia, ganha-se em significado, sentido e criatividade. Isso porque no caminho histórico, estaria o "mundo real de ideias, visto em gênese, desenvolvendo-se e deteriorando-se, mais do que uma imitação artificial na qual o problema central é removido. Este é o sentido em que a aprendizagem é 'mais fácil': um sentido pessoal no qual o estudante põe em relevo o trabalho criativo e imita a descoberta individual dos resultados" (GRATTAN-GUINNESS, 1973, p. 446).

Mas se a história é, para Grattan-Guinness, um elemento que dificulta, mas ao mesmo tempo esclarece e dá sentido, um elemento que torna o processo de aprendizagem árduo e moroso, mas ao mesmo tempo criativo e natural, a questão que se coloca no plano pedagógico é: como fazer a opção?

A resposta de Grattan-Guinness é que, em nível universitário, a história não só pode como deve estar presente na abordagem dos conteúdos do ensino. Não se trata, acrescenta ele, de fazer da história da Matemática uma disciplina à parte como se ela fosse um ramo separado da Matemática, mas de encará-la como parte essencial de todos os ramos. Porém, nos demais níveis de ensino, sobretudo na educação primária, a história é, para ele, inútil se encararmos a sua utilização do modo como foi proposta para o nível universitário. Nesses demais níveis, a alternativa que propõe é aquilo que chama de "história satírica".

Em que consiste a proposta pedagógica da "história satírica"? Nada mais do que uma imitação do desenvolvimento de um determinado tema ou teoria, omitindo os contextos históricos nos quais ela se desenvolveu. A "história satírica" seria, portanto, nada mais do que uma história cronológica descontextualizada de um tema.

Embora Grattan-Guinness não nos apresente um argumento sequer para justificar as razões pelas quais uma história cronológica descontextualizada de um tema devesse ser encarada como a sequência pedagógica ideal, tenta convencer-nos da inutilidade e ineficácia de uma história contextualizada nos níveis elementares. O seu argumento psicológico apresenta-se como um quarto e sério obstáculo à utilização pedagógica da história, uma vez que se mostra consciente do fato de que "mesmo pondo de lado os inevitáveis assuntos técnicos envolvidos, as crianças têm pouco ou nenhum sentido do progresso histórico, pelo menos não o possuem para os temas científicos que elas associam com as coisas imediatas" (GRATTAN-GUINNESS, 1973, p. 449).

Em certo sentido, o argumento de Grattan-Guinness é irrefutável, e a sua justa apreciação exige que nos desloquemos do campo da Educação Matemática para o da educação histórica, uma vez que, subjacente a ele está a polêmica questão referente ao momento adequado para o início escolar do aprendizado da própria História.

Antes de mais nada, devemos observar que o aparente contra-argumento de que o momento do início da aprendizagem escolar da História não é um problema de natureza estritamente psicológica, mas fundamentalmente social, por estar primordialmente vinculado à necessidade que têm os países de que seus cidadãos adquiram conhecimentos relativos à história nacional, não se aplica à questão levantada por Grattan-Guinness. Isso porque o que está em jogo em seu argumento não é se a criança pode recitar mecanicamente um conhecimento estereotipado de fatos históricos isolados, mas se ela é capaz de deslocar-se de seu contexto atual e adquirir uma real compreensão do passado histórico. Caso contrário, em que se basearia a crença de que as crianças e adolescentes poderiam aprender significativamente a Matemática via História, se a compreensão da própria História acha-se, de partida, comprometida? Podemos, é claro, tecer algumas considerações em favor do argumento de Grattan-Guinness, que poriam em destaque as dificuldades que a criança deveria superar no seu processo pessoal de construção do conhecimento histórico. Malrieu afirma que "só os fatos de que tenhamos sido contemporâneos nos aparecem, depois de seu escoamento, como verdadeiramente históricos, dado que eles fazem parte de nossas lembranças e porque se vincula à sua evocação a nostalgia do irremediavelmente desaparecido" (*apud* LEGRAND, 1974, p. 151).

Então, se é por intermédio de um mecanismo baseado na transferência afetiva que se abre ao próprio adulto a possibilidade de exame e apreciação do passado histórico, isto é, se é através de seu passado pessoal que o adulto adquire a real dimensão desse passado, é bastante razoável esperar que a criança não poderá ter acesso a ele senão tardiamente, pois, de certo modo, a criança não tem passado, isto é, terá de constituí-lo através da coparticipação social e do enraizamento nas estruturas sociais (LEGRAND, 1974, p. 151-52).

Além disso, um outro obstáculo se interpõe à conquista infantil do passado enquanto dimensão universal. Trata-se da incapacidade de dominar a duração, isto é, de ordenar os eventos sucessivos ou simultâneos. Isso decorreria do fato de a criança sentir-se impotente para se desvencilhar do evento vivido e compará-lo com outros ou com algum outro tomado como referência ou, em outras palavras, dever-se-ia ao fato de ela viver no instante presente e no futuro. Desse modo, esse obstáculo só poderia ser superado por ela quando "o próprio presente for concebido como engendrando continuamente o passado", isto é, quando ela "for capaz de religar numa mesma intuição eventos simultâneos e ordenar linearmente eventos sucessivos" (LEGRAND, 1974, p. 153).

Pensamos, porém, que esses obstáculos levantados pelos argumentos bastante pertinentes a que fizemos referência não devem constituir fatores impeditivos à iniciação da construção do pensamento histórico ainda nas séries iniciais do Ensino Fundamental. Mais do que isso, pensamos que somente essa iniciação escolar pedagogicamente adequada constitui a condição necessária, ainda que não suficiente, para a superação gradativa desses obstáculos. Pois, se assim não fosse, isto é, se essa superação pudesse ocorrer de modo espontâneo, seria de se esperar que esse universo histórico estivesse franqueado ao adulto. Porém, Legrand afirma que "essas observações que delimitam as dificuldades que a criança terá de vencer na construção de seu universo histórico nos induzem igualmente a certa humildade, pois que o próprio adulto está longe de havê-la suplantado" (LEGRAND, 1974, p. 152).

Do mesmo modo como as experiências acumuladas pelo adulto num espaço vivido não o conduzem, necessariamente, às leis geométricas subjacentes a um espaço concebido; do mesmo modo como as frequentes percepções de regularidades por parte do adulto – induzindo-o a generalizações – não o conduzem, necessariamente, às leis de transformação subjacentes à álgebra simbólica, assim também, a simples possibilidade de transferência afetiva e domínio da duração por parte do adulto não lhe franqueia, infalivelmente, o acesso para a apropriação significativa do conhecimento histórico.

Então, se a intervenção pedagógica é necessária tanto à construção do pensamento matemático quanto do histórico, e se ambos os tipos de pensamento se defrontam com obstáculos de natureza distinta à sua constituição isolada, acreditamos não haver razões adicionais, como as levantadas por Grattan-Guinness, à construção solidária desses campos do conhecimento humano por parte do aprendiz. Em outras palavras, vemos na construção solidária não uma superposição catalisadora das dificuldades específicas a cada campo distinto, mas a possibilidade de instauração de uma reciprocidade esclarecedora e superadora.

Aliás, é um diálogo dessa natureza, como veremos no próximo capítulo, que vem sendo cada vez mais aprofundado no âmbito da investigação acadêmica internacional contemporânea em Educação Matemática e História da Matemática.

Capítulo II

Ampliando e aprofundando o debate relativo à participação da História na Educação Matemática escolar: prática de investigação acadêmica e perspectivas teóricas

Introdução

O nosso propósito, neste capítulo, é ampliar e aprofundar a discussão em torno da participação da história na Educação Matemática, sobretudo daquela que vem se processando no âmbito da investigação acadêmica internacional contemporânea em Educação Matemática e História da Matemática. Tal discussão tem chegado a um nível de consciência, refinamento e cientificidade a ponto de podermos, hoje, identificar *perspectivas teóricas* definidas no interior de um recente campo de investigação em constituição que temos denominado *História na Educação Matemática*. E é justamente pelo fato de a maioria dos autores que deverão constituir os nossos interlocutores neste capítulo apoiarem explicitamente as investigações que vêm desenvolvendo em referenciais teóricos definidos e se preocuparem em fundamentar os seus pontos de vista acerca da participação da história na Educação Matemática – concebida como ação pedagógica e/ou como prática social de investigação acadêmica –, que procuraremos inserir os seus pontos de vista em perspectivas teóricas definidas. Nesse sentido, nas seções seguintes, procuraremos abordar de forma mais sistemática as questões relativas à participação da história na educação matemática, encarando-as como pertencentes a um campo de investigação autônomo.

A questão teórica básica do campo de investigação História na Educação Matemática

A questão teórica de fundo que se apresenta a todos os professores e investigadores que decidem fazer um uso consciente e fundamentado da participação da história em suas atividades diz respeito aos tipos de vínculo que se intenta promover entre a produção sócio-histórica do conhecimento – particularmente, e sobretudo, do conhecimento matemático – no passado (filogênese) e a produção e/ou apropriação pessoal desse conhecimento no presente (psicogênese). Em outras palavras, e mais amplamente, diz respeito a como é concebida a relação entre a cultura (aqui entendida como o conjunto de formas simbólicas até hoje produzido) historicamente produzida – particularmente, a cultura matemática – e as formas de apropriação dessa cultura no presente, sobretudo nas práticas pedagógicas escolares e nas práticas de investigação acadêmica.

A literatura que tem sido produzida no interior do campo de investigação *História na Educação Matemática* nos atesta que muitas têm sido as formas – explícitas ou não – de se posicionar em relação a essa questão. Ainda que vínculos de naturezas diversas tenham sido estabelecidos, por diferentes autores, entre os processos da filogênese e da psicogênese, tais vínculos, como o fizemos no capítulo anterior, poderiam ser classificados em dois tipos diferentes, mas não mutuamente excludentes, quando se tem em vista as finalidades que poderiam ser atribuídas à Educação Matemática no presente: os vínculos de natureza epistemológica e os de natureza ética.

Os vínculos de tipo epistemológico foram assim denominados por sugerirem que a finalidade da Educação Matemática é fazer com que o estudante compreenda e se aproprie da própria Matemática concebida como um conjunto de resultados, métodos, procedimentos, algoritmos, etc. Já os vínculos de tipo ético foram assim denominados por sugerirem que a finalidade da Educação Matemática é fazer com que o estudante construa, por intermédio do conhecimento matemático, valores e atitudes de natureza diversa, visando à formação integral do ser humano e, particularmente, do cidadão, isto é, do homem público.

Desse modo, nos vínculos de tipo epistemológico, a Matemática é vista como tendo um fim em si e por si mesma, ao passo que, nos de tipo ético, ela passa a ser encarada como um meio para se promover entre os estudantes a construção de atitudes e valores de naturezas diversas. Nesse sentido, os defensores de vínculos de tipo epistemológico entre a filogênese e a psicogênese tendem a ver a história como uma fonte de recursos considerados essenciais quer ao ensino do conteúdo matemático, isto é, para o professor, quer à aprendizagem desse mesmo conteúdo, isto é, ao aluno. A natureza específica do vínculo ou da potencialidade pedagógica atribuída à História pode variar tanto no interior da categoria de vínculos epistemológicos quanto no da categoria de vínculos éticos em função, respectivamente, do modo como se concebe a natureza dos elementos considerados determinantes ou, pelo menos, condicionadores, da aprendizagem matemática e/ou da natureza das atitudes e dos valores, isto é, da natureza da aprendizagem ética, via aprendizagem matemática, que se deseja promover entre os estudantes.

Já destacamos e discutimos, no capítulo anterior, os vários tipos de vínculos encontrados na literatura pertinente entre a filogênese e a psicogênese do conhecimento matemático. Podemos agora, entretanto, questionar a legitimidade de se estabelecer uma distinção assim tão rígida entre vínculos de natureza epistemológica e vínculos de natureza ética entre a filogênese e a psicogênese.

Pensamos que a ilegitimidade dessa distinção se assenta, por sua vez, na inadequação de se distinguir rigidamente a aprendizagem matemática da aprendizagem ética via matemática ou, em outras palavras, distinguir conteúdos exclusivamente matemáticos de valores promovidos via aprendizagem matemática, uma vez que, por um lado, valores poderiam ser também entendidos como conteúdos específicos de aprendizagem e/ou de investigação prevalecentes em outro domínio do conhecimento humano (a Filosofia ou, mais particularmente, a Ética, por exemplo) que não o matemático, e, por outro lado, mesmo uma suposta ênfase exclusiva na aprendizagem de conteúdos matemáticos já comporta, em si mesma, ainda que implicitamente, uma aprendizagem ética, cujos valores subjacentes poderiam ser, por exemplo, a valorização do pensamento baseado num certo tipo de racionalidade, a valorização da precisão e do rigor nos raciocínios e na argumentação, a valorização da interpretação quantitativa de fenômenos naturais e sociais, etc.

Consequentemente, os defensores da ilegitimidade de se proceder a uma distinção rígida entre aprendizagem matemática e aprendizagem ética via Matemática tenderiam também a defender a eliminação de uma distinção rígida entre vínculos de cunho epistemológico e vínculos de cunho ético entre a filogênese e a psicogênese do conhecimento matemático, e todos os vínculos passariam, então, a ser encarados como de mesma natureza, qual seja, de natureza eticoepistemológica, e toda a aprendizagem (e também a aprendizagem matemática) como sendo sempre uma aprendizagem eticoepistemológica.

Mas uma coisa é a discussão relativa à natureza e aos tipos de vínculos que poderiam ser estabelecidos entre a filogênese e a psicogênese do conhecimento matemático, e outra aquela relativa aos argumentos levantados para se justificar a natureza de tais vínculos. Neste último caso, a literatura específica produzida no interior do campo de investigação *História na Educação Matemática* tem mostrado que o principal divisor de águas continua sendo o denominado argumento recapitulacionista, uma vez que a maioria dos vínculos de cunho eticoepistemológico entre a filogênese e a psicogênese do conhecimento matemático tende a justificar-se, de modo explícito ou implícito, através de argumentos recapitulacionistas de natureza biológica, epistemológica, psicológica, didática, política, etc., ainda que menos frequentemente, possam basear-se também em argumentos não recapitulacionistas de naturezas diversas.

Tendo em vista, então, a solução harmonizadora – baseada na e possibilitada pela adoção de vínculos de natureza eticoepistemológica – a que se poderia chegar em relação à discussão referente à natureza dos vínculos que poderiam ser estabelecidos entre a filogênese e a psicogênese do conhecimento matemático, a questão básica inicial relativa ao campo de investigação *História na Educação Matemática* nos conduz, agora, a um ponto de controvérsia diferente do anterior, qual seja, o da pertinência ou não da adoção de um ponto de vista recapitulacionista como forma de se justificar o estabelecimento de vínculos entre a filogênese e a psicogênese do conhecimento matemático. Então, para que o leitor possa se situar em relação a esse novo ponto de controvérsia, vamos recuperar aqui, de forma breve, a natureza dessa polêmica que tem a sua origem no século XIX.

O princípio recapitulacionista e a ilusão arcaica

No capítulo anterior, já destacamos o fato de que, no final do século XIX, a maior parte da literatura que havia sido produzida em relação à discussão acerca da participação da história no processo de ensino-aprendizagem da Matemática escolar recorria ao chamado princípio genético – um tipo particular de princípio recapitulacionista – como um modo aparentemente sensato e natural de se justificar essa participação.

É clara a origem positivista desse princípio, uma vez que ele nada mais é que uma extensão da lei dos três estados[14] que Auguste Comte, sem qualquer originalidade, toma de empréstimo a Condorcet e St. Simon (HABERMAS, 1982, p. 93) a fim de postular a existência de uma identidade entre os modos como a espécie humana, na história, e o indivíduo, em sua história pessoal, investigam e explicam os fenômenos naturais e sociais com os quais se deparam. Não foi preciso esperar, portanto, o surgimento, em 1858, do livro no qual Charles R. Darwin (1809-1882) desenvolveu a sua teoria da evolução pela seleção natural para explicar a mudança das espécies nem o polêmico tipo de desdobramento que os

---

[14] A chamada lei dos três estados, estabelecida por Auguste Comte, afirma que o modo de investigação e de explicação dos fenômenos a que recorrem tanto o indivíduo quanto a espécie humana, passaria sucessivamente por três estágios sequenciados: o teológico, o metafísico e o positivo. No estado teológico, predominaria o espírito especulativo em relação ao espírito de observação dos fenômenos e ao de experimentação. Desse modo, as explicações dos fenômenos nesse estado tendem a recorrer às divindades sobrenaturais, e não a buscar causas naturais para os fenômenos naturais. Segundo Comte, esse primeiro estado se dividiria em três outros cronologicamente sequenciados: o do fetichismo, o do politeísmo e o do monoteísmo. No estado metafísico, as explicações dos fenômenos humanos e dos naturais não estão mais subordinadas ao domínio do sobrenatural e tendem a tornar-se, cada vez mais, argumentativas, abstratas e causais, e não mais especulativas e concretas, como ocorria no estado anterior. Finalmente, no estado positivo, as explicações meramente argumentativas, abstratas e causais dos fenômenos humanos e naturais tendem a tomar a observação e a experimentação como as bases da argumentação e não estão mais preocupadas em buscar as origens, a natureza íntima e/ou as causas últimas dos fenômenos, mas, sim, as leis – isto é, as relações constantes – de acordo com as quais eles se comportam (COMTE, 1978).

morfologistas do final do século XIX imprimiram a essa teoria,[15] para que Comte efetuasse uma extensão metafórica, para os terrenos da Filosofia da História e da Filosofia da Educação, do conceito de evolução, subjacente ao princípio da mutabilidade das espécies, defendido por biólogos e filósofos de finais do século XVIII, dentre eles Buffon, Kant, Erasmus Darwin e Lamarck.

De fato, em seu *Curso de Filosofia Positiva* de 1830, para "justificar" a legitimidade de uma metodologia científica que, como diz Habermas, "põe, em lugar do sujeito da teoria do conhecimento, o processo técnico-científico como sujeito de uma filosofia cientificista da história" (HABERMAS, 1982, p. 94), Comte coloca o seu princípio genético nos seguintes termos[16]:

> Essa revolução geral do espírito humano pode ser facilmente constatada hoje, duma maneira sensível embora indireta, considerando o desenvolvimento da inteligência individual. O ponto de partida sendo necessariamente o mesmo para a educação do indivíduo e para a da espécie, as diversas fases principais da primeira devem representar as épocas fundamentais da segunda. Ora, cada um de nós, contemplando sua própria história, não se lembra de que foi sucessivamente, no que concerne às noções mais importantes, teólogo em sua infância, metafísico em sua juventude, e físico em sua virilidade? Hoje é fácil esta verificação para todos os homens que estão ao nível de seu século. (COMTE, 1978, p. 5)

Mas, se o princípio genético ou recapitulacionismo pedagógico parece ter-se constituído a partir da lei dos três estados de Comte ou,

---

[15] Segundo Ronan, o darwinista Ernst Haeckel (1834-1919), por ter realizado pesquisas no terreno da anatomia comparada de homens e animais, sugeriu que, durante seu desenvolvimento, o embrião humano atravessaria os mais importantes estágios pelos quais teriam passado os seus ancestrais adultos. Essa tese tornou-se conhecida sob o nome de lei biogenética de Haeckel (RONAN, 1987, v. IV, p. 79).

[16] Estamos identificando aqui a lei biogenética de Haeckel com o princípio recapitulacionista e estamos denominando, como é usual, de *princípio genético*, a extensão metafórica do princípio recapitulacionista para o plano educacional. Entretanto, se o recapitulacionismo de Haeckel busca seus fundamentos na Biologia, nem todas as suas extensões metafóricas para o terreno educacional o fazem. Desse modo, estaremos, neste capítulo, considerando recapitulacionistas todos os tipos de pontos de vista e propostas educacionais que, de algum modo, estabeleçam algum tipo de subordinação determinista do presente em relação ao passado, seja tal subordinação de natureza biológica ou não.

pelo menos, com base nela, ter exercido uma influência considerável sobre o pensamento pedagógico, a primeira questão que devemos nos colocar se refere à legitimidade dessa própria lei.

A análise dessa questão requer que nos situemos no terreno da filosofia da história, uma vez que, através da lei dos três estados, "o positivismo exibe-se como uma nova filosofia da história" (HABERMAS, 1982, p. 92). Mas não é difícil acusar uma espécie de contradição entre essa nova Filosofia da História e a própria lei fundamental dos três estados na qual ela se baseia, uma vez que, como assinala Habermas, o saber que Comte reivindica para interpretar o significado do saber positivo não está, ele mesmo, subsumido sob as condições do espírito positivo" (HABERMAS, 1982, p. 92). Essa contradição é também percebida e denunciada por Kopnin, para quem essa lei não passaria de "*um princípio especulativamente criado*" (KOPNIN, 1972, p. 127).

Por sua vez, para o questionamento da lei biogenética de Haeckel, devemos recorrer a uma linha de argumentação distinta da anterior, uma vez que ele nos remete à crítica a uma crença que se insere em domínios partilhados pela Psicologia, Biologia, Antropologia e Sociologia. O amplo emprego dessa lei não só é possível como, de fato, ocorreu por parte de psicanalistas e psicólogos como Freud, Blondel e Piaget, uma vez que todos eles, em maior ou menor grau e prudência, se deixaram seduzir pelo esquema de se querer "ver nas sociedades primitivas uma imagem aproximada de uma mais ou menos metafórica infância da humanidade, cujos estágios principais seriam reproduzidos também, por sua parte no plano individual, pelo desenvolvimento intelectual da criança"[17] (LÉVI-STRAUSS, 1976, p. 126-127). A essa sedução Lévi-Strauss atribui a sugestiva denominação *ilusão arcaica*. Tal ilusão nos remete, então, à consideração do problema das relações entre o pensamento primitivo e o pensamento

---

[17] Freud, por exemplo, acreditava que as teorias sexuais das crianças representam uma herança filogenética. Blondel estabeleceu um paralelismo entre a consciência primitiva, a consciência infantil e a consciência mórbida, acreditando serem essas realidades intercambiáveis. Piaget, por sua vez, principalmente em suas primeiras obras, admite um certo paralelismo entre a ontogênese e a filogênese ainda que, ao mesmo tempo, procure restringir e amenizar essa crença afirmando que o conteúdo do pensamento da criança jamais poderia ser considerado um produto hereditário da mentalidade primitiva, porque, segundo ele, a ontogênese explica a filogênese tanto quanto o inverso (LÉVI-STRAUSS, 1976, p. 126-127).

infantil, e nos precaver contra ela exigiria, segundo esse autor, admitir o fato trivial de "não existirem somente crianças, primitivas e alienadas, mas também – e simultaneamente – crianças primitivas e alienados primitivos. E há igualmente crianças psicopatas, primitivas e civilizadas" (LÉVI-STRAUSS, 1976, p. 127). Além disso, no que se refere especificamente às sociedades primitivas, um outro fato trivial deveria também ser observado, qual seja, o de que o problema das relações entre idades apresenta-se da mesma forma para qualquer sociedade – civilizada ou primitiva –, uma vez que ambas são compostas por crianças e adultos e, desse modo, as crianças primitivas difeririam dos adultos primitivos tanto quanto as nossas diferiram dos adultos de nossa sociedade. E dado que a criança não é um adulto em qualquer sociedade, o seu nível de pensamento diferiria daquele do adulto em qualquer sociedade. E daí, "a cultura mais primitiva é sempre uma cultura adulta, e por isso mesmo incompatível com as manifestações infantis que se podem observar na mais evoluída civilização" (LÉVI-STRAUSS, 1976, p. 127-131).

Além de apresentar um argumento contrário ao equivalente psicológico da lei biogenética de Haeckel, Lévi-Strauss tenta ainda – e a nosso ver de forma conclusiva – apontar as razões pelas quais nos tornamos, com facilidade, vítimas dessa *ilusão arcaica*. Por um lado, toda vez que buscamos estabelecer comparações entre o pensamento primitivo e o infantil, seria, segundo ele, inevitável constatar semelhanças entre ambos. Por outro lado, essa mesma constatação poderia ser observada por adultos de qualquer cultura em relação a uma cultura diferente da dele. As semelhanças ocorreriam porque o pensamento da criança é menos especializado que o do adulto e sempre aparece a este não apenas como a imagem sintética daquilo que o próprio adulto se tornou, mas também como todas as outras imagens sintéticas feitas por outros adultos de outros lugares, e vivendo sob outras condições, daquilo que esses adultos se tornaram. Essas semelhanças ocorreriam, portanto, devido não a um pretenso *caráter arcaico* do pensamento primitivo em relação ao nosso, mas ao fato de o pensamento infantil poder ser visto ou como o *ponto de encontro* de todas as sínteses culturais possíveis de serem realizadas, ou como o *centro de dispersão* para a realização de tais sínteses.

Desse modo, o pensamento infantil constituiria a referência a partir da qual tanto os adultos de nossa sociedade tentariam compreender e explicar as estruturas fundamentais das sociedades primitivas, como também os adultos das sociedades primitivas tentariam compreender e explicar as estruturas fundamentais de nossa sociedade (LÉVI-STRAUSS, 1976, p. 133-134).

Finalmente, gostaríamos de retomar aqui o legítimo argumento de Merani (1972) segundo o qual a defesa da tese da recapitulação no plano psicológico traria como consequência necessária a sustentação do questionável pressuposto metafísico da existência de uma *memória social hereditária*, como o fez Jung, ao estabelecer a doutrina do inconsciente coletivo. É claro que essa conexão evidenciada por Merani nos remete a uma certa forma de considerar e conceber a relação entre história e cognição. Baseando-nos, uma vez mais, em Lévi-Strauss, pensamos ser possível questionar o pressuposto jungiano da existência de *uma memória social hereditária*, constatando que toda vez que se perceba e se evidencie, em qualquer nível, convergência entre as representações da criança no presente e representações históricas (no sentido de representações constituídas em tempos históricos diferentes dos da criança), em vez de se supor uma hereditariedade misteriosa a fim de explicar a ocorrência dessa convergência, seria preferível e suficiente argumentar que "por mais que se remonte na história ou na pré-história, a criança sempre precedeu o adulto, e é possível, além disso, supor que quanto mais primitiva é uma sociedade, mais duradoura é a influência do pensamento da criança sobre o desenvolvimento do indivíduo, porque a sociedade não está então em condições de transmitir ou de constituir uma cultura científica" (LÉVI-STRAUSS, 1976, p. 129).

Assim, ao fazer nossa a crítica de Lévi-Strauss à aceitação do pressuposto jungiano, situamo-nos ao lado dos que acreditam, não em sua incorreção, mas em sua superfluidade.

Diante de tudo o que foi dito a respeito do princípio recapitulacionista de cunho biológico, de suas variações e extensões metafóricas, julgamos não apenas desnecessário como extremamente problemático recorrer a ele como meio de fundamentar qualquer empreendimento que vise relacionar história e ensino-aprendizagem.

Porém, é preciso reforçar aqui, o fato que o que caracteriza o argumento recapitulacionista não é nem a crença na possibilidade ou na necessidade de estabelecimento de vínculos de qualquer natureza entre a filogênese e a psicogênese – ou, mais amplamente, entre o passado e o presente –, e nem a de que a filogênese *condiciona* a psicogênese, mas a crença de que a filogênese *determina*, em alguma medida, a psicogênese. É o caráter determinista que compromete definitivamente tal argumento. Por outro lado, negar o condicionamento recíproco entre passado e presente seria afirmar uma incomensurabilidade inaceitável entre dois estados temporais diferentes, o que viria a destruir todo e qualquer laço de continuidade entre o passado e o presente. Ninguém melhor do que Marx percebeu esse condicionamento, o qual se encontra magnificamente expresso em sua famosa e muito citada passagem extraída da obra intitulada *O 18 Brumário de Luís Bonaparte*, na qual analisa o golpe de estado de Napoleão III, no contexto geral da história da França, e na qual, mais do que em qualquer outra obra, a concepção marxista da história se aplica de forma bastante esclarecedora à análise de um acontecimento histórico: "Os homens fazem sua própria história, mas não como querem; não a fazem sob circunstâncias de sua escolha e sim sob aquelas com que se defrontam diretamente, legadas e transmitidas pelo passado. A tradição de todas as gerações mortas oprime como um pesadelo o cérebro dos vivos" (MARX, 1978, p. 329).

É necessário assinalar ainda que o ponto de vista que aqui defendemos é o de que as diferentes perspectivas teóricas que até o momento constituíram o interior do campo de investigação *História na Educação Matemática* o fizeram aderindo ou rejeitando o argumento recapitulacionista. Então, se o argumento recapitulacionista não é nem o fator que promove, nem o que impede a constituição de perspectivas teóricas diferenciadas, a explicação da controvérsia no interior do campo de investigação *História na Educação Matemática* não se reduz, de forma alguma, a uma discussão binária em que se busque combater ou promover o argumento recapitulacionista.

A tese que aqui defendemos a esse respeito é que são dois os principais fatores condicionantes que, coordenados, explicam a constituição de uma pluralidade de perspectivas teóricas controversas acerca do modo de se conceber a participação da história na Educação Matemática: (1) a concepção que se adota em relação à natureza do conhecimento matemático; (2) a concepção que se adota em relação à natureza da aprendizagem matemática.

Nesse movimento de coordenação de concepções, é possível, hoje, trabalhar no interior do campo de investigação *História na Educação Matemática*, tanto no nível da ação pedagógica quanto no da pesquisa em Educação Matemática, segundo várias perspectivas ou orientações teóricas. Procuramos, então, nesta seção, detalhar e ilustrar esse ponto de vista, bem como caracterizar algumas dessas perspectivas.

Perspectivas teóricas no interior do campo de investigação História na Educação Matemática

Caracterização da Perspectiva Evolucionista Linear

Vamos proceder à caracterização de uma *primeira perspectiva teórica* do campo de investigação *História na Educação Matemática*, a qual será aqui denominada *Perspectiva Evolucionista Linear*. Tal perspectiva remonta ao século XIX e tem sua base nos trabalhos do morfologista Ernst Haeckel (1834-1919), que defendeu, como já dissemos na seção anterior, que o desenvolvimento psíquico da criança é uma repetição abreviada da evolução filogenética. Tal crença nos obriga, é claro, a estabelecer um elo de natureza biológica entre o passado e o presente, baseado em um argumento recapitulacionista de cunho biológico. E daí, tudo se passa como se a produção cultural do passado tivesse o poder de projetar-se biologicamente (e cronologicamente, por se ter uma concepção evolutiva da filogenia) sobre o presente e determinar, de algum modo, o seu curso. Hereditariedade e adaptação passam, então, a ser vistas, como também o fazia Haeckel, como as duas funções biopsicológicas básicas para a "produção" do conhecimento por parte do indivíduo, ou melhor, para a recapitulação sequenciada e progressiva de estruturas pré-formadas de conhecimento por parte do indivíduo. Esse ponto de vista acerca da produção do conhecimento no plano psicogenético condiciona, por sua vez, o modo de se conceber, no plano epistemológico, os próprios objetos de conhecimento e, particularmente, o modo de se conceber os objetos da Matemática e no plano pedagógico, o modo de se conceber o ensino-aprendizagem da Matemática. De fato, segundo esse ponto de vista, a Matemática constituiria meramente um corpo cumulativo prévio e sequenciado de conhecimentos produzidos, cada um em um tempo determinado, que deveria ser administrado em etapas cronologicamente sequenciadas, hierarquizadas e qualitativamente indistintas durante o processo de ensino-aprendizagem. Para essa perspectiva, portanto, a justificativa para a adoção do ponto de vista recapitulacionista se prende a razões de natureza estritamente biológica, e o recurso à história, tanto no processo de ensino-aprendizagem da Matemática quanto no processo de investigação em Educação Matemática, restringe-se à identificação, na historiografia da Matemática, da ordem cronológica de surgimento dos diferentes temas que deverão constituir objetos de ensino-aprendizagem na prática social escolar.

Como já assinalamos anteriormente, foi no interior da perspectiva evolucionista linear que um expressivo número de autores foram buscar apoio para a defesa de seus pontos de vista relativos à necessidade de participação da história no processo de ensino-aprendizagem da Matemática escolar. A título de exemplo, vamos considerar aqui apenas os pontos de vista de três grandes matemáticos, quais sejam, Felix Klein, Henri Poincaré e Morris Kline, aos quais já nos referimos anteriormente.

No caso de Klein, a tentativa de superação de uma indesejável dissonância que constata existir entre métodos de produção e métodos de ensino-aprendizagem do conhecimento matemático, leva-o a combater um tipo de ensino que partiria das ideias mais gerais e sistematizadas e à ponderação de que a tarefa do professor deveria ser a de direcionar a aprendizagem dos estudantes no sentido de formação de uma cultura mais elevada e abstrata sendo que isso deveria ser feito mediante o "mesmo caminho segundo o qual a raça humana tem buscado desenvolver o conhecimento, desde seu estado original e simples até às formas mais elevadas" (KLEIN, 1945, prefácio). Como se observa, Klein não consegue escapar à avassaladora influência positivista de finais do século XIX, recorrendo explícita e convictamente ao princípio recapitulacionista para "fundamentar" o seu ponto de vista.

No caso de Poincaré, a problemática na qual se envolve quando sente a necessidade de recorrer à história é, como vimos, menos de natureza metodológica do que epistemológica e psicológica. Tal problemática leva-o a comparar os padrões de rigor do matemático de ofício e os dos aprendizes neófitos da Matemática. Mas por que razão, para ele, os padrões atualizados de rigor presentes nos julgamentos epistemológicos do matemático de ofício não estão já presentes nos julgamentos cognitivos do aprendiz? E por que razão ele acaba atribuindo à história a função de persuadir o aprendiz a desconfiar de seus padrões de rigor e a substituí-los por outros mais sutis e atualizados? As respostas de Poincaré a essas questões também estão baseadas no princípio genético, uma vez que, para ele, "o educador deve fazer com que a criança passe novamente por onde passaram os seus ascendentes; mais rapidamente, mas sem omitir etapas" (POINCARÉ, 1947, p. 135).

Aproximadamente um século após Klein, Morris Kline irá retomar a mesma preocupação metodológica do matemático alemão, não oferecendo a ela, entretanto, uma solução diferenciada. De fato, a percepção da existência de uma contraposição entre a sua leitura da história da Matemática e o modo como ela é exposta nos cursos regulares leva Kline a estabelecer uma reiterada e convicta analogia entre o histórico e o pedagógico, ao afirmar que não apenas as dificuldades que os grandes matemáticos teriam encontrado no passado deverão ser também as dificuldades que os estudantes enfrentarão no presente, como também deverão ser idênticas, entre esses dois segmentos, as formas de superação de tais dificuldades (KLINE, 1976, p. 60). Mas que razões Kline nos oferece para o estabelecimento dessa convicta analogia? Em outras palavras, por que os obstáculos enfrentados pelos matemáticos no passado deverão ser também os obstáculos a serem enfrentados pelos estudantes no presente? Novamente, invoca-se o princípio recapitulacionista como forma de sustentação dessa analogia e de estabelecimento de uma identidade entre obstáculos históricos e obstáculos cognitivos.

A perspectiva evolucionista acabou exercendo uma influência considerável, desde o final do século XIX, em todo o mundo, e também no Brasil, não apenas sobre os discursos pedagógicos relativos à Matemática, mas também na elaboração de programas de ensino de Matemática em todos os níveis. Com base nela, adotou-se um princípio estruturador dos programas de ensino de Matemática segundo o qual a sequência pedagógica ideal de desenvolvimento dos tópicos de ensino da Matemática escolar deveria acompanhar, mesmo de forma abreviada e não exaustiva, a sequência cronológica do surgimento de tais tópicos na história.

Mas tal princípio estruturador nem sempre foi entendido ao pé da letra. Uma outra forma que ele assumiu foi aquela que defendeu uma organização curricular dos tópicos matemáticos não de acordo com uma sequência cronológica rígida, mas de acordo com a vinculação desses tópicos a etapas cronológicas qualitativamente distintas pelas quais, supostamente a Matemática teria passado na história. Esse princípio menos rígido, mais do que o anterior teria influenciado a organização dos tópicos da Matemática escolar, segundo os matemáticos russos Aleksandrov, Kolmogorov, Laurentiev e outros.

No magistral capítulo introdutório da obra *A Matemática: seu conteúdo, métodos e significado*, escrita no século XX, tais autores argumentam em favor do ponto de vista de que a Matemática, em seu desenvolvimento histórico, teria passado pelas quatro seguintes etapas qualitativamente distintas, que teriam alterado profundamente o domínio dos objetos e dos objetivos das investigações nesse campo: a etapa da Matemática prático-empírica, a etapa da Matemática das magnitudes constantes, a etapa da Matemática das magnitudes variáveis e a etapa da Matemática abstrata ou moderna. Tais autores veem do seguinte modo a influência de um tal princípio estruturador evolucionista etapista sobre a organização da Matemática escolar:

> Às quatro etapas do desenvolvimento da matemática [...] correspondem naturalmente as distintas etapas de nossa formação matemática. [...] Os resultados básicos da aritmética e da geometria, obtidos no primeiro período do desenvolvimento da matemática, constituem o objeto de ensino da escola primária [...]. As mais importantes conquistas do segundo período, o da matemática elementar, são estudadas nos centros de ensino médio. Os resultados básicos do terceiro período, os fundamentos da análise, a teoria das equações diferenciais, a álgebra superior, etc. constituem os conhecimentos matemáticos de um engenheiro; são estudados em todos os centros de ensino superior, exceto naqueles dedicados

exclusivamente às Humanidades [...]. Por outro lado, as ideias e os resultados do período atual da matemática são estudadas quase exclusivamente nos departamentos universitários de Matemática e Física. (ALEKSANDROV *et al.*, 1985, p. 79-80)

O Quadro 1 sintetiza as principais características da Perspectiva Evolucionista Linear em função das categorias que elegemos como estruturadoras para a análise de diferentes perspectivas teóricas no campo de investigação *História na Educação Matemática*, as quais se encontram em negrito no quadro.

Quadro 1
Caracterização sumária da
perspectiva evolucionista linear

FILIAÇÃO TEÓRICA: Trabalhos do morfologista darwinista Ernst Haeckel (1834-1919) em anatomia comparada de homens e animais.

NÚCLEO FIRME: Lei Biogenética de Haeckel
"Durante seu desenvolvimento, o embrião atravessa os mais importantes estágios adultos de seus ancestrais dessa linhagem evolutiva".

HIPÓTESE AUXILIAR: O desenvolvimento psíquico da criança é uma repetição abreviada da evolução filogenética.

DEFENDE O ARGUMENTO RECAPITULACIONISTA? Sim. Recapitulacionismo de cunho biológico.

ELEMENTOS INVARIANTES NA FILOGÊNESE E NA PSICOGÊNESE: Ordem cronológica dos temas ou de etapas qualitativamente distintas.

CONCEPÇÃO DOS OBJETOS MATEMÁTICOS: A Matemática é um corpo cumulativo, evolutivo e hierárquico de conhecimentos produzidos, cada um em um tempo determinado.

CONCEPÇÃO DE APRENDIZAGEM: Aprender Matemática é recapitular progressiva e cronologicamente os seus objetos de estudo pré-formados no tempo.

POR QUE RECORRER À HISTÓRIA NO ENSINO E/OU NA PESQUISA? Identificar a ordem cronológica de surgimento histórico dos tópicos matemáticos que deverão constituir-se em objetos de ensino-aprendizagem no contexto escolar.

É claro que a crítica a essa perspectiva já foi amplamente realizada na seção 3 deste capítulo.

Caracterização da Perspectiva Estrutural-Construtivista Operatória

Uma *segunda perspectiva teórica* que tem exercido considerável influência na atualidade no interior do campo de investigação *História na Educação Matemática* é a que aqui denominaremos *Perspectiva Estrutural-Construtivista Operatória*.[18] Tal perspectiva tem suas raízes nos trabalhos e no referencial teórico desenvolvidos por Jean Piaget e Rolando García, sobretudo nos pontos de vista defendidos por esses autores na obra *Psicogênese e História da Ciência*, publicada em 1982.

Logo no primeiro parágrafo da introdução de tal obra, os autores enunciam duas das teses em favor das quais pretendem argumentar. A primeira delas defende a subordinação da significação epistemológica adquirida por uma ideia ou estrutura, nos estágios superiores de seu desenvolvimento, ao modo como elas teriam sido construídas, quer no plano filogenético, quer no psicogenético. Com isso, os autores pretendem ressaltar que o desenvolvimento do conhecimento, em ambos os níveis, "resulta da iteração de um mesmo mecanismo, constantemente renovado e ampliado pela alternância de agregados de novos conteúdos e de elaborações de novas formas de estruturas" (PIAGET; GARCÍA, 1982, p. 10). Isso significa argumentar em favor da existência de um mesmo modo de construção do conhecimento em ambos os níveis, modo que se repetiria indefinidamente, etapa por etapa, e que seria passível apenas de renovação e ampliação, mas não de mudança de natureza ou função.

Esse argumento põe em relevo o duplo fato que estaria na base da explicação das razões pelas quais as construções mais elevadas no plano da construção do conhecimento, tanto na filogênese quanto na psicogênese, permanecem, ainda que parcialmente, solidárias àquelas de níveis mais primitivos: (1) a existência de integrações sucessivas de novos conteúdos e de novas formas de estruturas; (2) a atuação reiterada de um mesmo mecanismo (ou modo de construção

---

[18] Para uma caracterização bastante detalhada e crítica dessa perspectiva teórica, o leitor poderá consultar a referência (MIGUEL, 1999).

do conhecimento) em níveis diferentes o qual, embora conserve a mesma natureza e função nos diferentes níveis, renova-se devido à sua atuação sobre novos conteúdos e estruturas (PIAGET; GARCÍA, 1982, p. 10). Os autores denominam esse mecanismo de *modo de construção do conhecimento por abstração reflexiva e generalização completiva*.

A noção de *abstração reflexiva* apresenta uma caracterização melhor quando lhe opomos um outro tipo de abstração denominada empírica. Enquanto a abstração empírica é o ato mental utilizado pelo sujeito para extrair informações dos objetos, informações que constituem propriedades desses objetos (como, por exemplo, a cor, a massa, o material de que é feito, etc.), a abstração reflexiva é o ato mental utilizado pelo sujeito para impor aos objetos ações, operações e propriedades que não possuem. A quantidade ou número de elementos de um conjunto seria um tipo de informação que se obteria via abstração reflexiva, uma vez que, segundo os construtivistas (ver, por exemplo, KAMII, 1984, p. 16), e para o próprio Piaget, o número não é uma propriedade dos conjuntos, mas uma relação que o sujeito decide impor a dois ou mais conjuntos de objetos quando resolve estabelecer uma correspondência biunívoca entre os seus elementos. Para Piaget e García, o mecanismo de abstração reflexiva ocorreria devido a dois processos conjugados de reflexão: um que elevaria a um determinado nível os elementos extraídos de um nível inferior e o outro que os reconstruiria, reorganizaria e ampliaria.

Por sua vez, estaríamos diante de um mecanismo de *generalização completiva* toda vez que novos subsistemas se agregam a *uma estrutura e a enriquecem, porém sem modificá-la essencialmente, como no caso da incorporação das álgebras não-comutativas à Álgebra clássica* (PIAGET; GARCÍA, 1982, p. 10).

Uma vez explicitada a natureza dos mecanismos que permitem a passagem de uma etapa a outra do processo de construção do conhecimento, a primeira tese defendida por Piaget e García é a de que esses mecanismos de abstração reflexiva e de generalização completiva se repetiriam indefinidamente (PIAGET; GARCÍA, 1982, p. 10).

Já a segunda tese em favor da qual argumentam é a da existência de duas características relativas a esses mecanismos de passagem: (1) cada vez que esses mecanismos promovem uma superação/passagem para um nível superior no plano cognitivo, aquilo que foi superado/

ultrapassado está, de alguma forma, integrado no elemento superador, isto é, no elemento que permitiu a superação; (2) são esses mecanismos que promovem a passagem do nível intraobjetal (ou de análise das propriedades inerentes aos objetos) no nível interobjetal (ou de estudo e análise das propriedades inerentes às relações que podem ser estabelecidas entre os objetos e às transformações de um objeto em outro), e deste último, no nível transobjetal (ou de construção, estudo e análise das estruturas inerentes a sistemas abstratos) (PIAGET; GARCÍA, 1982, p. 33).

Um tal ponto de vista acerca da conexão entre os modos de produção do conhecimento matemático nos planos filogenético e psicogenético foi apropriado por educadores matemáticos, sobretudo por aqueles envolvidos com a investigação acadêmica nessa área. Tal apropriação parece ter se pautado no seguinte raciocínio. Os objetos matemáticos são concebidos como complexos operatórios, ainda que a natureza de tais operações possa ser diferente dependendo do objeto considerado e a aprendizagem matemática é vista como uma reconstrução pessoal do conhecimento matemático já construído historicamente. Assim, tanto a construção histórica (filogênese) quanto a reconstrução pessoal (psicogênese) desenvolvem-se segundo um mesmo esquema evolutivo constituído por três etapas qualitativamente distintas (as etapas intraoperacional, interoperacional e transoperacional), então, no processo de ensino-aprendizagem de um objeto matemático, a psicogênese deveria necessariamente recapitular os três momentos da filogênese. Isso deve ocorrer a fim de que se garanta o resgate, por parte do sujeito, das propriedades operatórias inerentes ao próprio objeto matemático que se deseja reconstruir, atentando-se para o fato da presença, tanto no nível filogenético quanto psicogenético, de conflitos cognitivos semelhantes, necessários e invariáveis que intervêm na passagem de uma a outra etapa dos processos de construção e reconstrução do objeto matemático considerado. Dentro de uma tal perspectiva, a História da Matemática aparece como campo de possibilidade de busca de conflitos e de *mecanismos cognitivos operatórios* relativos a um conceito matemático específico que teriam se manifestado na passagem de uma a outra etapa do processo de construção de tal conceito. E se não houver uma história da Matemática constituída dentro dessa perspectiva, torna-se necessário constituí-la procedendo a uma releitura epistemológica da história da Matemática com base nos pressupostos teóricos subjacentes a essa perspectiva. Foi esse, sem dúvida, o objetivo central da obra *Psicogênese e História da Ciência* de Jean Piaget e Rolando García. Como, para essa perspectiva, a aprendizagem matemática se encontra subordinada ao desenvolvimento cognitivo, a justificativa para a adoção do argumento recapitulacionista prende-se também a razões de natureza biológica que se aproximam das de Haeckel por compartilhar uma concepção evolutiva do desenvolvimento cognitivo, mas que delas se diferenciam por conceber essa evolução como um processo composto por etapas sucessivas qualitativamente distintas, entendidas no sentido de que os mecanismos cognitivos operatórios de passagem, embora idênticos e gerais, atuam sempre segundo o esquema invariante do intra, inter e trans, sobre uma matéria cognitiva ampliada e qualitativamente renovada em cada um desses níveis.

Vários trabalhos de investigação em Educação Matemática têm sido realizados, total ou parcialmente, à luz da Perspectiva Estrutural-Construtivista Operatória. Alguns deles podem ser encontrados nas seguintes referências: (MORENO; WALDEGG, 1991); (SFARD, 1991); (WALDEGG, 1993); (SFARD; LINCHEVSKI, 1994); (SFARD, 1995); (WALDEGG, 1996); (MORENO, 1996).

O Quadro 2 sintetiza as principais características da Perspectiva Estrutural-Construtivista Operatória.

Quadro 2
Caracterização sumária da perspectiva estrutural-construtivista operatória

FILIAÇÃO TEÓRICA: Construtivismo Estrutural Operatório de Jean Piaget e Rolando García, sobretudo as teses defendidas em *Psicogênese e História da Ciência* (1982).

NÚCLEO FIRME: A construção do conhecimento matemático, tanto na filogênese quanto na psicogênese, resulta da atuação reiterada dos mesmos MECANISMOS COGNITIVOS, OPERATÓRIOS e GERAIS (ABSTRAÇÃO REFLEXIVA e GENERALIZAÇÃO COMPLETIVA) que, embora atuem sobre uma matéria cognitiva sempre mais ampla e renovada, não mudam de natureza ou função.

HIPÓTESE AUXILIAR: São esses mecanismos que promovem a passagem do nível intraobjetal (análise das propriedades inerentes aos objetos) ao nível interobjetal (análise das propriedades inerentes às relações que podem ser estabelecidas entre os objetos e às transformações de um objeto em outro) e, deste último, ao nível transobjetal (construção e análise de estruturas inerentes a sistemas abstratos)

DEFENDEM O ARGUMENTO RECAPITULACIONISTA? Dizem que não, mas acreditamos que sim.

ELEMENTOS INVARIANTES NA FILOGÊNESE E NA PSICOGÊNESE: Mecanismos cognitivos, operatórios e gerais de passagem e forma de atuação desses mecanismos segundo o esquema intra, inter e trans.

CONCEPÇÃO DOS OBJETOS MATEMÁTICOS: Complexos estruturais operatórios (variáveis segundo o objeto matemático considerado) subjacentes a maneiras regulamentadas de se lidar com diferentes tipos de objetos e/ou situações concretas e que, uma vez abstraídos de tais situações, passam a atuar sobre objetos exclusivamente formais.

CONCEPÇÃO DE APRENDIZAGEM: Aprender Matemática é reconstruir pessoalmente as operações cognitivas requeridas por um objeto matemático em seu processo de construção histórica.

POR QUE RECORRER À HISTÓRIA NO ENSINO E/OU NA PESQUISA? Campo de possibilidade de busca de CONFLITOS COGNITIVOS e de MECANISMOS COGNITIVOS OPERATÓRIOS ESPECÍFICOS que promovem a passagem de uma a outra etapas do processo de construção de um objeto matemático.

Um exemplo de pesquisa desenvolvida com base na perspectiva estrutural construtivista operatória

Título: *The conceptual Evolution of Actual Mathematical Infinity* (A evolução conceptual da noção matemática de infinito atual).

Fonte: Educational Studies in Mathematics, 22, 1991, p. 211-231.

Autores: Luiz MORENO e Guillermina WALDEGG – Pesquisadores do Departamento de Matemática Educativa do Cinvestav, IPN, México.

Ano de Realização da Pesquisa: 1988

Sujeitos da pesquisa: 36 estudantes mexicanos, com idade entre 18 e 20 anos, cursando o primeiro semestre do ensino superior e que não haviam recebido qualquer tipo de instrução formal sobre tópicos relativos à noção de infinito atual.

Tese Central: O conceito de infinito atual se manifesta, entre os estudantes cursando o primeiro semestre do ensino superior, no máximo, no mesmo nível em que esse conceito é concebido no trabalho intitulado *Os paradoxos do Infinito* de Bernard Bolzano.

Dois pressupostos em que a pesquisa se baseia

- os conceitos matemáticos passam, desde as suas primeiras manifestações históricas, por uma evolução hierárquica trifásica: uma fase *intraobjetal*, uma segunda *interobjetal* e uma terceira *transobjetal*.
- O desenvolvimento conceptual humano, e portanto o processo de aprendizagem, é também um processo evolutivo que compreende as mesmas etapas descritas no pressuposto anterior.

Tese Intermediária 1: O trabalho citado de Bolzano pode ser incluído na etapa um dessa evolução trifásica.

Tese Intermediária 2: O trabalho desenvolvido pelo matemático alemão Georg Cantor pode ser incluído na etapa dois dessa evolução trifásica.

Características da fase intraobjetal do conceito de comparação entre conjuntos infinitos:

- Ausência de uma definição operatória de comparação entre conjuntos infinitos;
- Predominância de recursos empíricos (geométricos e perceptuais) para se comparar conjuntos infinitos;
- Ausência da noção de conservação da quantidade de elementos de um conjunto de pontos;
- Ausência ou campo limitado de ação da noção de transitividade na relação de comparação entre conjuntos infinitos.

Características da fase interobjetal do conceito de comparação entre conjuntos infinitos

- As operações realizadas sobre conjuntos infinitos são reversíveis;
- Possibilidade de se determinar o resultado de algo que opera recursivamente sobre um conjunto;

- A operação de correspondência biunívoca goza da propriedade transitiva;
- A composição de funções bijetoras goza da propriedade associativa;
- A equipotência entre conjuntos goza da propriedade comutativa.

Instrumentos da pesquisa: Três tipos de questionários: o primeiro (12 questões) respondido por 20 estudantes; os segundo (13 questões) e terceiro (2 questões) por 24 estudantes, dentre os quais apenas 8 deles também haviam respondido o primeiro.

Tema abordado nos questionários: comparação de conjuntos infinitos.

As conjecturas subjacentes à elaboração dos questionários

- **Primeira conjectura:** crença na existência de um conflito cognitivo entre a construção da noção de comparação de conjuntos infinitos por parte dos estudantes e a experiência concreta dos mesmos com comparação de conjuntos finitos.
- **Segunda conjectura:** crença de que as respostas dos estudantes poderiam ser distintas em função dos tipos de contextos (aritmético, geométrico, misto).

Análise das respostas: A análise das respostas dos estudantes baseou-se mais na natureza dos argumentos apresentados do que no fato de estarem elas corretas ou erradas.

Os resultados da fase experimental da pesquisa: dentre os 194 argumentos úteis (26 argumentos não foram classificados, o que totaliza 220 argumentos) apresentados pelos sujeitos nos três questionários, 51 (23%) são de natureza interobjetal, 95 (43%) de natureza intraobjetal e 48 (22%) de natureza pré-intraobjetal.

Crítica à Perspectiva Estrutural-Construtivista Operatória

A Perspectiva Estrutural-Construtivista Operatória pode ser criticada sob diferentes aspectos. Nossa crítica[19] a essa perspectiva deverá restringir-se, aqui, à inadequada analogia entre filogênese e

---

[19] Para uma crítica mais aprofundada e detalhada dessa perspectiva, o leitor poderá consultar as referências (MIGUEL, 1999a; 1999b).

psicogênese estabelecida pelos autores do referencial teórico no qual ela se baseia. Tal como nós, Bkouche vê tal analogia como duplamente redutora, quer sob o plano da psicogênese, quer sob o da filogênese. Isso porque, por um lado, para tal perspectiva, o problema da construção do conhecimento fica reduzido à descrição e explicação das interações que um sujeito cognoscente – concebido exclusivamente como um conjunto de processos cognitivos – estabelece com o mundo exterior. Por outro lado, no interior dessa perspectiva, a história não é vista exclusivamente como "um conjunto de interações que conduzirão, mais ou menos necessariamente, ao estado atual dos conhecimentos" (BKOUCHE, 1997, p. 36-37).

Um outro tipo de argumento contrário à leitura piagetiana da História da Matemática é o que nos oferece Rotman com base na *natureza social e pública* da constituição das verdades matemáticas, em detrimento à ênfase posta por Piaget, por influência de Kant, no aspecto da *necessidade* que supostamente governaria o curso do processo construtivo interno da Matemática pelo sujeito, seguida de uma *descentração necessária* dessa construção individual através da cooperação com outros. Nesse sentido, segundo Rotman, o erro central em que estaria incorrendo tal perspectiva teórica seria o da crença na possibilidade de explicar a origem e a natureza do conhecimento matemático sem recorrer ao problema da validação das verdades matemáticas. Caso esse segundo problema fosse considerado, tornar-se-ia mais perceptível o fato de que a coordenação de pontos de vista acerca das afirmações matemáticas é exclusivamente uma questão de natureza argumentativa explícita acerca das entidades públicas, *e não, como insiste Piaget, um problema das necessidades internas que operam dentro de uma mente individual*" (ROTMAN *apud* VUYK, 1985, v. II, p. 402).

Um argumento bastante esclarecedor de Bkouche, contrário a essa forma de inserção piagetiana na História da Matemática, é o de que, em Piaget,

> [...] a história é reconstruída em função das necessidades internas da epistemologia genética ao mesmo tempo em que ele explicita uma teoria psicológica do conhecimento que se adapta a esta história reconstruída. Poder-se-ia dizer que é o estado do conhecimento matemático contemporâneo que o força a construir uma

história e uma psicologia compatível com esse estado, como se esse estado tivesse necessidade de ser legitimado pelas considerações psicológicas ou epistemológicas. (BKOUCHE, 1997, p. 38)

A nosso ver, esse tipo de leitura histórico-epistêmica do desenvolvimento das ideias matemáticas incorre, finalmente, no equívoco de se pensar que se faz grande avanço em se acrescentar às interpretações históricas não lineares que, no terreno da história das ideias, ressaltaram o papel das descontinuidades (como é o caso da de Foucault) e/ou das rupturas epistemológicas (como é o caso da de Bachelard), uma outra característica julgada fundamental, qual seja, a da existência de etapas sequenciais e hierárquicas no processo de construção do conhecimento. Isso porque, no nosso modo de entender, nem uma nem outra dessas características conseguem atacar, em profundidade, um dos problemas centrais que perpassa o terreno das história das ideias na atualidade, qual seja, o da natureza da explicação histórica propriamente dita. Se ter afirmado e defendido, contra o cômodo e harmonioso pressuposto da história contínua, a existência de rupturas epistemológicas, de avanços e recuos e de descontinuidades no processo de produção e circulação das ideias foi, de fato, um avanço, o desafio imediato que se coloca a toda história construída com base nesse pressuposto alternativo é o de explicar não apenas a natureza dessas descontinuidades e rupturas, como também por que elas ocorrem. E no nosso modo de entender, Piaget e García equivocam-se quando pensam que um princípio tão abstrato e internalista como o da atuação reiterada e coordenada dos mecanismos da abstração reflexiva e da generalização completiva tenha o poder de, por si só, dar mobilidade e circulação ao jogo produtivo das ideias matemáticas e de introduzir as novidades nesse terreno. Mais do que uma verdadeira explicação histórica, o pressuposto da atuação reiterada e coordenada desses mecanismos deveria, ele próprio, receber uma explicação histórica. Dever-se-ia então perguntar: que fatores propriamente históricos poderiam explicar a existência de um tal princípio? Por que teria ele a característica de atuar de forma reiterada? Por que teria ele o poder de dar mobilidade às ideias e de criar as novidades no plano da produção do conhecimento? Por que esse princípio divide a história das ideias em exatamente três fases, e não em mais ou menos fases? Por que essas fases devem ser hierarquizadas? O que atestaria a superioridade da fase transobjetal em relação às que lhe antecedem? Só se colocando e se tentando dar respostas a questões dessa natureza, um tal tipo de interpretação poderia aproximar-se daquilo que constitui atualmente a preocupação e a prática efetiva do historiador.

Esse tipo de história das ideias matemáticas, inteiramente estruturada e internalista, como o proposto por Piaget e García, aproxima-se bastante do tipo de *história filosófica* inaugurado por Hegel, na qual a um princípio abstrato externo e trans-histórico (isto é, ao qual não é dada qualquer explicação propriamente histórica) – seja ele chamado *o espírito objetivo, o absoluto, as leis da lógica dialética, os mecanismos mentais de passagem,* tais como *abstração reflexiva* e *generalização completiva,* etc. –, (e que, no caso de Piaget e García, nada mais é do que a projeção, na filogênese, de certos mecanismos e operações mentais reveladas na psicogênese), é dado o poder exclusivo de "explicar" o complexo e ilegislável processo de produção cultural das ideias. As palavras seguintes de Paul Ricoeur ilustram perfeitamente bem o quão afastado está um tal modo de se trabalhar no campo da história das ideias, do modo como a maior parte dos historiadores contemporâneos concebem esse trabalho:

> [...] o que nos parece altamente problemático é o próprio projeto de compor uma história filosófica do mundo que seja definida pela "efetivação do Espírito na história" [...] O que nós abandonamos foi o próprio território. Já não estamos à procura da fórmula na base da qual a história do mundo poderia ser pensada como uma totalidade efetivada. (RICOEUR apud CHARTIER, 1990, p. 70)

A "fórmula" na base da qual a história das ideias matemáticas é pensada por Piaget e García, embora diferente daquela pensada por Imre Lakatos (para quem a "fórmula" das provas e refutações governaria a produção e o movimento autônomo das ideias matemáticas, constituindo a lógica do processo de seu descobrimento), ou daquela pensada por Bento de Jesus Caraça (para quem a criação de novidades na História da Matemática é explicada, ainda que não exclusivamente, com base na "fórmula" hegeliana do movimento dialético trifásico que vai da tese à antítese e desta à síntese, devido a um suposto poder criador atribuído à lei da negação da negação), compartilha com estas a mesma crença na existência de um princípio trans-histórico regulador, legislador, disciplinador e direcionador da marcha supostamente evolutiva das ideias matemáticas.

Para finalizar esta seção, gostaríamos de levantar alguns argumentos genéricos contrários a todo tipo de apropriação do referencial teórico desenvolvido por Piaget e García e do modo como se concebe, em função dele, a relação entre a análise epistemológica e a cognição, para o plano da ação pedagógica e/ou da pesquisa em Educação Matemática.

No nosso modo de entender, há um primeiro equívoco que, inevitavelmente, acompanha qualquer tipo de apropriação: o de identificar *formas histórico-culturais* – ou, em outras palavras, *representações históricas* – de se conceber uma determinada ideia matemática e *etapas ou estágios do desenvolvimento histórico* desta mesma ideia. A ilegitimidade dessa identificação baseia-se no fato de estarem implícitas ou subjacentes à segunda dessas noções, as ideias de *hierarquia* e *evolução*, o que não ocorre, a nosso ver, com a primeira. Além disso, quando se fala em *estágios ou etapas*, trabalha-se sempre – por mais que isso venha a ser negado – com a *suposição tácita de um desenvolvimento já realizado ou terminado*, ou, que tenderia a realizar-se *de uma maneira previsível*. Portanto, a concepção etapista no terreno da história das ideias é conivente com as noções de evolução, previsibilidade, hierarquia, legalidade, linearidade e totalidade efetivada.

Há um segundo equívoco: o de julgar que o desenvolvimento cognitivo espontâneo e/ou a aprendizagem escolar de uma ideia por parte de um indivíduo deveria guiar-se por etapas sucessivas; as posteriores são mais complexas do que as antecedentes (ou as etapas posteriores são dependentes das ou subordinadas, de algum modo, às antecedentes). Essa *concepção arquitetônica* do desenvolvimento cognitivo (desenvolvimento que é sempre social, não importando se recebe ou não a influência do sistema escolar) e/ou do desenvolvimento intelectual escolarizado de um indivíduo, isto é, da aprendizagem, pode (e deve), igualmente, ser questionada, pois desconsidera o fato de o desenvolvimento cognitivo – sob ou não a influência da instituição escolar – ser sempre socioculturalmente condicionado, portanto, moldado pelas *representações hegemônicas* das ideias, e não necessariamente, e simultaneamente, por todas as representações históricas dessas ideias. As representações hegemônicas são sempre, e em certo sentido, opções culturais e/ou contextuais feitas com base em certos valores, na maioria das vezes difusos e não conscientes. Nesse sentido, as etapas se tornam quase sempre descartáveis e desprezíveis à luz da urgência dessas opções. Além disso, se essas supostas etapas fossem necessárias para o desenvolvimento cognitivo ou para a ocorrência do ensino e da aprendizagem escolar, como explicar o fato de continuarem ocorrendo, mesmo quando uma ou mais dessas supostas etapas antecedentes tenha sido marginalizada no processo de ensino-aprendizagem escolar de determinada ideia? A ausência de uma ou mais dessas etapas mostra que o indivíduo pode ser capaz de apropriar-se da ideia, do modo como ela se apresenta na etapa final, sem que seja necessário, para isso, apropriar-se também daquelas outras julgadas a ela antecedentes e necessárias.

Há, finalmente, um terceiro equívoco: o de julgar que há necessidade (qualquer que seja o fim alegado) de se estabelecer um paralelismo entre as etapas de ambos os tipos de desenvolvimento ou processos. Se um estudante ou a maior parte deles tem dificuldade em apropriar-se de determinada ideia que lhe foi apresentada à luz de determinada representação, isso não se explica pelo fato de que outras etapas do desenvolvimento histórico dessa ideia (ou outras representações dessa mesma ideia) lhe foram sonegadas ou ocultadas, mas porque a *forma eleita* (ou a *representação eleita*) para lhe apresentar aquela ideia não passou por um tratamento pedagógico adequado ou por razões quaisquer de natureza extraescolar ou extrapedagógica, ligadas ou à condição pessoal do estudante, ou ao seu contexto sociocultural mais amplo, etc.

Caracterização da Perspectiva Evolutiva Descontínua

Uma *terceira perspectiva teórica*, que tem também exercido considerável influência, desde o início da década de 70 do século XX, no interior do campo de investigação *História na Educação Matemática*, é a que aqui denominaremos *Perspectiva Evolutiva Descontínua*. Tal perspectiva tem sido desenvolvida principalmente por investigadores filiados à escola francesa contemporânea de didática da Matemática, tais como Guy Brousseau, Georges Glaeser, Michèle Artigue, Anna Sierspinska e outros, tendo como fonte de inspiração a obra *A formação do espírito científico* do filósofo francês Gaston Bachelard (1884-1962), publicada na década de 30 do século XX.

A obra de Bachelard constitui uma ruptura explícita e radical com o pensamento evolucionista linear no âmbito da história e da filosofia da ciência. É por essa razão que ele é considerado o teórico da descontinuidade, e é exatamente a noção de *obstáculo epistemológico* por ele introduzida que atesta esse fato.

É no primeiro parágrafo do primeiro capítulo de *A formação do espírito científico*, logo após o *Discurso Preliminar*, que Bachelard define o que entende por *obstáculo epistemológico*:

> Quando se procuram as condições psicológicas do progresso da ciência, logo se chega à convicção de que *é em termos de obstáculos que o problema do conhecimento científico deve ser colocado*. E não se trata de considerar obstáculos externos, como a complexidade e a fugacidade dos fenômenos, nem de incriminar a fragilidade dos sentidos e do espírito humano: é no âmago do próprio ato de conhecer que aparecem, por uma espécie de imperativo funcional, lentidões e conflitos. É aí que mostraremos causas de estagnação e até de regressão, detectaremos causas de inércia às quais daremos o nome de obstáculos epistemológicos. (BACHELARD, 1996, p. 17, grifos do autor)

No terreno da Educação Matemática, Guy Brousseau, professor desde 1970 do Departamento de Matemática da Universidade de Bordeaux I, irá apropriar-se da noção bachelardiana de obstáculo epistemológico mantendo praticamente inalterada a concepção dessa noção. Nesse sentido, um obstáculo epistemológico é, para ele, tal como o era para Bachelard, sempre um conhecimento e não, como se poderia supor à primeira vista, uma ausência de conhecimento.

Além disso, não é um conhecimento falso, uma vez que permitiu ou permite produzir respostas satisfatórias ou corretas a determinados tipos de problemas. No entanto, esse conhecimento, ao ser transposto ou aplicado a outras categorias de problemas, produz respostas inadequadas ou incorretas.

Mas esses erros produzidos por obstáculos devem, por sua vez, ser considerados um tipo especial de erro, uma vez que não se incluem entre aqueles produzidos pelo desconhecimento, pela ignorância, pelo acaso, pela imprevisibilidade ou pelo descuido. Ao contrário, constituem erros previsíveis, persistentes e resistentes à correção (cf. BROUSSEAU, 1983, p. 172-174).

Além disso, parece que Brousseau, ao importar a noção de *obstáculo epistemológico* para o terreno da didática da Matemática, embora tenha submetido alguns pressupostos bachelardianos a uma análise retificadora e ampliadora, não chegou a romper explicitamente com a concepção bachelardiana da relação entre história e epistemologia; ao contrário, traz, *pela primeira vez*, para o terreno da investigação em Educação Matemática propriamente dito, um *papel inédito* a ser desempenhado pela epistemologia, *concebida como análise histórico-epistemológica de um tópico específico da matemática*, e, a partir de então, pareceu tornar-se legítimo falar-se, por exemplo, em *epistemologia dos números decimais*.

No que se refere à análise retificadora e ampliadora empreendida no processo de apropriação das ideias bachelardianas, Brousseau deverá, antes de mais nada, diferentemente de Bachelard, que explicitou *tipos diversos* de obstáculos no processo de constituição do pensamento científico, propor e defender a tese da existência de *origens diversas* para os obstáculos epistemológicos no processo de construção do conhecimento matemático por parte dos alunos da atualidade, isto é, deverá propor uma classificação dos obstáculos com base no critério das razões que os desencadeiam.

É preciso esclarecer que, para Brousseau, todos os obstáculos que se manifestam ao estudante no processo de aprendizagem, ainda que as razões para essa manifestação possam ser de origens diversas, são, na verdade, obstáculos *epistemológicos*, porque dizem respeito ao conhecimento matemático propriamente dito.

No seu artigo *Les obstacles épistemologiques et les problèmes en mathématiques*, publicado na *Recherches en Didatiques des Mathématiques*, v. 4, p. 164-198, 1983, Brousseau apresentou três origens para os obstáculos epistemológicos: (1) uma origem ontogenética; (2) uma origem didática; (3) uma origem propriamente epistemológica.

Os obstáculos epistemológicos de origem ontogenética seriam aqueles que se manifestariam em decorrência do desenvolvimento cognitivo do aluno ou, nas próprias palavras de Brousseau, "aqueles que se manifestam devido às limitações (neurofisiológicas entre outras) do sujeito em um determinado momento de seu desenvolvimento" (BROUSSEAU, 1983, p. 177).

Poderíamos citar como exemplo de obstáculo ontogenético a crença compartilhada por crianças que estariam, segundo Piaget, no estágio pré-operatório, de que a mudança na disposição espacial de um número conveniente de fichas alteraria a quantidade delas.

Os obstáculos epistemológicos de origem didática seriam aqueles que se manifestariam em decorrência do modo de organização e transmissão do saber matemático no âmbito da escola. Brousseau assim se manifesta em relação a eles: "os obstáculos de origem didática são aqueles que parecem não depender senão da escolha do projeto do sistema educativo" (BROUSSEAU, 1983, p. 177). Fornece-nos como exemplo de obstáculo dessa natureza – o qual se manifestaria na aprendizagem dos números decimais – a crença compartilhada pelos estudantes de que esses números nada mais seriam do que números naturais separados por uma vírgula, associada a uma certa forma mecanizada de se realizar as operações com os números naturais.

Finalmente, os obstáculos epistemológicos de origem propriamente epistemológica, isto é, obstáculos tais como Bachelard os entendeu, seriam aqueles que se manifestariam em decorrência da própria forma de constituição do conhecimento matemático na história. Nas palavras de Brousseau, esses obstáculos seriam "aqueles aos quais não se pode e nem se deve escapar, pelo fato de terem desempenhado um papel constitutivo no conhecimento visado. Pode-se reencontrá-los na história dos próprios conceitos" (BROUSSEAU, 1983, p. 178). Pode-se afirmar, então, que para Brousseau os obstáculos epistemológicos de origem epistemológica se identificariam com os obstáculos históricos.

Com essa tese da diversidade de origens para os obstáculos epistemológicos, Brousseau deverá superar a contestável concepção bachelardiana subjetivista da atribuição dos erros no processo de construção do conhecimento exclusivamente aos sujeitos que o constroem. Deverá também amenizar o pressuposto da existência do paralelismo ontofilogenético, que permeia o trabalho de Bachelard, ao afirmar que, por terem resistido por um longo período de tempo, é provável que os obstáculos assinalados por Bachelard "tenham seu equivalente no pensamento da criança, se bem que o ambiente material e cultural atual modificaram, sem dúvida, as condições sob as quais as crianças com eles se deparam" (BROUSSEAU, 1983, p. 173).

Porém, embora Brousseau reconheça as diferenças das condições contextuais que separam as crianças da atualidade das dos cientistas-adultos do passado, não deverá negar esse pressuposto. De fato, logo no início da seção II do artigo a que estamos fazendo referência, dedicada ao estudo da noção de obstáculo, Brousseau vai assinalar que: "o mecanismo da aquisição de conhecimentos tal como o descrevemos anteriormente pode aplicar-se tanto à epistemologia ou à história das ciências, quanto à aprendizagem e ao ensino. Em todos esses casos a noção de obstáculo aparece como fundamental para se colocar o problema do conhecimento científico" (BROUSSEAU, 1983, p. 172).

É preciso atentar para o fato de que, ao fazer tal afirmação, Brousseau não está querendo dizer (porém, está querendo dizer!!!) que os obstáculos históricos deveriam inevitavelmente ocorrer também no processo de ensino-aprendizagem (porém, essa não inevitabilidade é apenas alegada, pois entra em contradição com os encaminhamentos concretos subjacentes às investigações realizadas com base na noção de obstáculo e com o próprio papel desempenhado pela análise histórico-epistemológica na investigação didática). De qualquer modo, mesmo que obstáculos específicos e bem determinados possam não ser produzidos em ambos os níveis, preserva-se ainda a tese de que algo tenderia a se repetir nesses dois níveis e neles permanecer invariante, a saber, o próprio modo ou mecanismo de produção do conhecimento matemático baseado na noção de obstáculo epistemológico.

De fato, para os investigadores filiados à *Perspectiva Evolutiva Descontínua*, a aprendizagem matemática é vista fundamentalmente como a capacidade de construção, dentro de um contexto institucional (a escola), de recursos cognitivos (conhecimentos, e/ou procedimentos e/ou concepções) superadores de obstáculos cognitivos que se manifestariam no ato individual de resolução de problemas matemáticos, portanto no ato de enfrentamento de uma situação com um conjunto de condicionantes que não podem ser desrespeitados, e tais recursos são concebidos como a solução ótima ou otimizada para se dar conta de tal situação (MIGUEL, 1999a; RADFORD; BOERO; VASCO, 2000).

Nessa perspectiva, os objetos matemáticos podem deixar de ser vistos – e não são mais fundamentalmente vistos – como objetos operatórios, e passam, então, a ser concebidos como construtos cognitivo-conceituais, cujas propriedades – operatórias ou não – são construídas e percebidas no processo de ataque, por parte do aprendiz, a situações-problema, isto é, a situações com elementos condicionadores que requerem que uma ou mais questões sejam investigadas e respondidas adequadamente. As propriedades dos objetos matemáticos que emergem e se constituem nessa ação, aparecem como subprodutos de métodos ou procedimentos ótimos de resolução dos problemas propostos. Aprender Matemática é, portanto, dentro dessa perspectiva, aprender a superar obstáculos que se manifestam no ato de resolução de problemas escolares "bem elaborados", isto é, previamente elaborados com base em critérios bem definidos e visando a determinadas finalidades de natureza exclusivamente cognitivo-conceitual. E como o surgimento de alguns de tais obstáculos (chamados por Brousseau de obstáculos epistemológicos de origem epistemológica, pelo fato de terem se manifestado no plano filogenético aos produtores históricos do conhecimento matemático) independe tanto das condições contextuais sob as quais se realiza a tarefa, quanto das condições e recursos cognitivos pessoais daqueles que a realizam, eles tenderiam, irremediavelmente, a se manifestar também no plano psicogenético. E daí, a História da Matemática aparece como campo de possibilidade de busca de obstáculos epistemológicos (isto é, de conhecimentos, e/ou concepções e/ou procedimentos inadequados) que teriam se manifestado aos produtores históricos do conhecimento matemático no enfrentamento de situações-problema bem determinadas. E se não houver uma história da matemática constituída nessa perspectiva, isto é, numa perspectiva bachelardiana, e se o próprio Bachelard tiver se recusado a fazê-la, torna-se necessário constituí-la através de uma releitura didático-epistemológica dessa história com base no construto central denominado *obstáculo epistemológico*. Para essa perspectiva, portanto, a justificativa para a adoção do argumento recapitulacionista se prenderia a razões de ordem estritamente didático-epistemológica que se diferenciariam das alegadas pelos construtivistas menos por deixar de compartilhar uma concepção evolutiva do desenvolvimento cognitivo, baseado em etapas sucessivas qualitativamente distintas, mas, sobretudo, por enfatizarem tanto no processo filogenético quanto no psicogenético os pontos de descontinuidade ou ruptura no processo de construção de conceitos matemáticos.

Várias pesquisas em Educação Matemática têm sido realizadas à luz dessa perspectiva, notadamente, mas não exclusivamente, por parte de investigadores filiados à escola francesa contemporânea de didática da Matemática.

O quadro seguinte sintetiza as principais características da Perspectiva Evolutiva Descontínua.

Quadro 3
Caracterização sumária da
perspectiva evolutiva descontínua

FILIAÇÃO TEÓRICA: Racionalismo do filósofo francês Gaston Bachelard (1884-1962) – *A formação do espírito científico: uma psicanálise do pensamento objetivo*, publicada na década de 30 do século XX.

NÚCLEO FIRME: A construção do conhecimento matemático tanto na filogênese quanto na psicogênese constitui um processo evolutivo porém descontínuo, isto é, não linear; pode conter momentos de estagnação e até de regressão.

HIPÓTESE AUXILIAR: As condições psicológicas do progresso da Matemática devem ser descritas e avaliadas em termos de OBSTÁCULOS EPISTEMOLÓGICOS, que se manifestam no próprio ato de produção do conhecimento.

DEFENDEM O ARGUMENTO RECAPITULACIONISTA? Acreditam que não, mas pensamos que sim.

> **ELEMENTO INVARIANTE NA FILOGÊNESE E NA PSICOGÊNESE:** Obstáculos epistemológicos específicos e/ou modo de produção do conhecimento matemático com base em obstáculos epistemológicos.
>
> **CONCEPÇÃO DOS OBJETOS MATEMÁTICOS:** Construtos cognitivo-conceituais cujas propriedades – operatórias ou não – resultam de métodos e/ou procedimentos otimizados de resolução de problemas.
>
> **CONCEPÇÃO DE APRENDIZAGEM:** Capacidade de construção de recursos cognitivo-conceituais otimizados, superadores de obstáculos que se manifestam no ato individual de resolução de situações-problema previamente elaboradas com base em critérios bem definidos e visando a finalidades cognitivo-conceituais. Aprender Matemática é, portanto, aprender a superar obstáculos epistemológicos.
>
> **POR QUE RECORRER À HISTÓRIA NO ENSINO E/OU NA PESQUISA?** Identificar os obstáculos epistemológicos que se manifestam na filogênese e na psicogênese de um objeto matemático específico a fim de entender melhor ambos os processos.

Um exemplo de pesquisa desenvolvida com base na Perspectiva Evolutiva Descontínua

Título: Obstáculos epistemológicos relativos à noção de limite.

Fonte: *Recherches en Didatiques des Mathématiques,* v. 6.1, p. 5-67, 1985.

Autora: Anna Sierpinska, Departamento de Matemática e Estatística da Universidade de Concordia em Montreal, Canadá.

Sujeitos da Pesquisa: 4 alunos distribuídos em dois grupos de dois alunos: o grupo dos emissores e o dos receptores. Todos os alunos eram considerados de "bom nível em matemática" por seus professores e não tinham tido um contato anterior com a noção de limite. Foram eleitos os bons alunos a fim de se eliminar o máximo possível as dificuldades não relacionadas com a aprendizagem inicial do Cálculo.

Objetivo da Pesquisa: Identificar os tipos de obstáculos (causas) epistemológicos específicos relativos à recusa em se atribuir à operação de passagem ao limite de uma sucessão o *status* de uma verdadeira operação matemática que se manifestaram aos matemáticos no desenvolvimento histórico dessa noção e no processo de construção pessoal dessa noção pelos sujeitos da pesquisa, investigando se haveria uma certa correspondência entre essas duas ordens de obstáculos.

Natureza da pesquisa: Estudo de caso simultaneamente histórico e experimental.

Estudo Experimental: Experiência desenvolvida em duas etapas.

- **Objetivo e Desenvolvimento da Primeira Etapa:** Preparar os sujeitos para identificar a tangente como limite de uma secante variável. Para isso, o experimentador transmitia ao grupo dos Emissores uma certa concepção de tangente como limite de uma secante variável, com a ajuda de um dispositivo simples, mas sem recorrer a palavras. A tarefa do grupo dos Emissores era retransmitir a mensagem a eles enviada pelo experimentador ao grupo dos Receptores, por escrito, uma única vez, e não era permitido o uso de desenhos.

- **Objetivo e Desenvolvimento da Segunda Etapa:** Os sujeitos dos dois grupos deveriam propor soluções para um mesmo problema, que consistia em encontrar a equação da tangente à curva $y = \sen x$ no ponto $x = 0$. Cada solução julgada adequada por parte de um grupo era enviada ao outro, para que fosse discutida. Em seguida, os quatro alunos participavam de uma discussão geral.

Resultados da pesquisa: Constatou-se a manifestação comum – na história e entre os sujeitos da pesquisa – de numerosos obstáculos epistemológicos.

Categorização e Descrição dos Obstáculos que se manifestaram

Identificação de vários obstáculos classificados em 5 categorias:

- **1ª Categoria:** obstáculos específicos ligados ao *horror ao infinito*.
- **2ª Categoria:** obstáculos específicos ligados à noção de função.
- **3ª Categoria:** obstáculos específicos ligados à concepção geométrica da noção de limite.
- **4ª Categoria:** obstáculos específicos de natureza lógica.

- **5ª Categoria:** obstáculos específicos relativos ao símbolo da operação de passagem ao limite.

Obstáculos específicos ligados ao *horror ao infinito*:

- **1º Obstáculo:** a passagem ao limite é vista como um método rigoroso de demonstração que elimina o problema do infinito;
- **2º Obstáculo:** a passagem ao limite é vista como um raciocínio baseado sobre uma indução incompleta;
- **3º Obstáculo:** a passagem ao limite é vista como uma pesquisa daquilo que só podemos conhecer de forma aproximada;
- **4º Obstáculo:** a passagem ao limite é vista como algo que não necessitaria ser justificado por meio de demonstrações rigorosas, bastando, para isso, encontrar uma fórmula mágica que descreva a situação dada e que permita uma verificação *a posteriori* através de um cálculo simples;
- **5º Obstáculo:** não percepção da ilegitimidade em se transferir as propriedades dos termos de uma sequência ao seu limite;
- **6º Obstáculo:** não percepção da ilegitimidade do procedimento de se transferir automaticamente os métodos da álgebra, apropriados para se manipular grandezas finitas, ao trabalho com as grandezas infinitas;
- **7º Obstáculo:** interpretação excessivamente literal de expressões dinâmicas tais como: "aproximar-se de"; "tender para", etc., empregadas para se referir à noção de limite.

Obstáculos específicos ligados à noção de função

- **1º Obstáculo:** voltar exclusivamente a atenção para o aspecto relacional da noção de função, isto é, para a dependência funcional entre duas variáveis expressa pela fórmula $y = f(x)$, em vez de se tentar saber qual é o domínio e o contradomínio da função, uma vez que quando se procura o limite de uma função em um ponto, não é necessário saber qual é o valor dessa função nesse ponto ou mesmo se esse ponto existe.
- **2º Obstáculo:** pensar que a noção de limite só se aplicaria a funções monótonas.

- **3º Obstáculo:** não distinguir a noção de limite da noção de limitante inferior ou superior de um conjunto.

Obstáculos específicos ligados à concepção geométrica da noção de limite

- **1º Obstáculo:** ter exclusivamente uma imagem geométrica da diferença entre uma grandeza variável e uma grandeza constante que constitui o seu limite.
- **2º Obstáculo:** possuir uma concepção geométrica de limite que, em certas situações, está mais próxima daquilo que se poderia chamar "limitante" de um conjunto, e não de uma operação topológica de fechamento, que é a noção que, hoje em dia, está subjacente à ideia de limite.

Obstáculos específicos de natureza lógica

- **1º Obstáculo:** não se atinar para a importância da presença dos quantificadores ao se definir limite, usando para isso apenas a linguagem natural e não a simbólica, o que implica a não distinção da dependência entre a vizinhança do ponto no qual se calcula o limite e a vizinhança do ponto que é o limite da função.
- **2º Obstáculo:** não se atinar para a importância da ordem dos quantificadores ao se definir limite, o que implica a confusão entre noção de "função" que faz corresponder aos elementos do eixo-x elementos do eixo-y, e a noção de "limite em um ponto da função" que obrigaria a considerar os eixos em sentido inverso ao assinalado.

Obstáculos específicos relativos ao símbolo da operação de passagem ao limite

- **1º Obstáculo:** concepção inadequada do símbolo da operação de passagem ao limite.

Crítica à Perspectiva Evolutiva Descontínua

A seguir, procuramos estabelecer algumas considerações críticas à Perspectiva Evolutiva Descontínua, restringindo-nos ao modo como se constituiu e se transformou no interior de alguns dos integrantes da escola francesa de didática da matemática.[20]

Já nos referimos anteriormente ao modo como Brousseau se apropria da noção bachelardiana de obstáculo epistemológico. Outro investigador que, imediatamente após Brousseau, resolveu se utilizar da noção de obstáculo epistemológico no terreno da Educação Matemática foi Georges Glaeser, na época professor da Universidade Louis Pasteur (Estrasburgo). Do mesmo modo como Brousseau havia decidido realizar uma *epistemologia dos números decimais*, Glaeser dedica-se à tarefa de realizar uma *epistemologia dos números relativos*. Além disso, tanto Brousseau quanto Glaeser procedem a uma fragmentação do objeto da epistemologia. Porém, há uma diferença bastante nítida entre os dois empreendimentos: enquanto o primeiro, em sua *epistemologia dos decimais*, antepõe o objetivo didático ao histórico-epistemológico, fazendo dele o guia para este último tipo de análise, para retornar, em seguida, ao terreno da didática, o segundo, em sua *epistemologia dos números relativos*, dedica-se *exclusivamente* ao terreno da análise histórico-epistemológica, deixando o retorno ao plano didático para outros que por ele se interessem.

Glaeser é também suficientemente explícito a respeito de sua concepção da relação entre a história epistêmica da Matemática e o ensino-aprendizagem. O ensino-aprendizagem da Matemática é visto como o espelho real ou provável da história epistêmica da Matemática, e esta última aparece ao investigador em Educação Matemática como um *laboratório* ou campo dotado de legitimidade, não apenas para se identificar os bloqueios e dificuldades por que passam os alunos da atualidade no processo escolar de construção da Matemática, como também para se interpretá-los e buscar formas para a montagem de situações didáticas superadoras dos mesmos.

Mas se as dificuldades e os obstáculos identificados no *laboratório virtual* da história epistêmica gozam apenas, segundo Glaeser, da propriedade de *possibilidade* de manifestação no *laboratório real* da sala

---

[20] Para uma crítica mais aprofundada e detalhada dessa perspectiva, o leitor poderá consultar as referências (MIGUEL, 1999a) e (MIGUEL, 1999b). Para uma visão mais abrangente da escola francesa de didática da Matemática, o leitor poderá consultar a referência (PAIS, 2001).

de aula, por que realizar a análise histórico-epistemológica, isto é, por que não fazer esse trabalho de detecção diretamente no *espaço real* da sala de aula? E mesmo que as dificuldades e os obstáculos gozassem da propriedade de *certeza* de manifestação total ou parcial na sala de aula, de que teria valido o trabalho histórico-epistêmico de identificação? No fundo, tanto em Brousseau quanto em Glaeser parece persistir a esperança, baseada numa espécie de *crença indutivista proativa*, de que a análise histórico-epistemológica possa, de alguma forma, iluminar ou indicar o rumo a ser dado à prática pedagógica e à prática da investigação pedagógica no terreno da Educação Matemática. É claro que, a fim de se confrontar essa crença com qualquer tipo de crítica, sempre lhes resta o argumento da possibilidade de se checar e de se controlar essa esperança no *laboratório de última instância* – firme e seguro – da sala de aula. Mas, se assim é, por que não se manter nele desde o início? Por que se dedicar ao trabalho extra de ter que retificar algo que poderia ter sido realizado uma única vez com base nas *razões da prática*? Se a prática pedagógica atual é vista, ao mesmo tempo, como critério de verdade, fonte de alternativas, última instância legitimadora das decisões e luz que guia as nossas ações, por que recorrer à pálida luz segunda da análise histórico-epistemológica? Diante desses esclarecimentos e dessas considerações críticas, pensamos que se deveria olhar para o trabalho de Glaeser como um trabalho de *natureza histórica* propriamente dita, e é nesse âmbito que deveria ser avaliado. E, nesse sentido, uma crítica global que poderia ser feita ao estudo realizado por ele é da mesma natureza que aquela já feita ao trabalho de Bachelard. Isso porque, o próprio fato de se tentar interrogar o passado com base na noção de obstáculo já significa ter-se feito uma dupla opção, ambas polêmicas e questionáveis, no terreno da filosofia da história: (1) opção por uma *concepção indutivista retroativa* da história da matemática, que consiste na elaboração de uma constituição histórica de uma ideia matemática com base num julgamento e projeção ilegítimos dos resultados da matemática contemporânea sobre aqueles elaborados por nossos antepassados; (2) opção pelo pressuposto de que o curso da História da Matemática seria governado pela noção de progresso. Essas opções deverão produzir uma história epistemológica dos números inteiros relativos de cunho internalista, subjetivista e personalista, na qual o contexto social não desempenha nenhum papel significativo, e na qual grandes matemáticos do passado acabam aparecendo-nos, na atualidade, como seres ingênuos e, às vezes, até mesmo estúpidos, por não terem conseguido "ver" coisas tão triviais e elementares como as que hoje reconhecemos. De fato, a passagem seguinte é apenas uma, dentre muitas, nas quais Glaeser deixa transparecer esse preconceito injustificável:

> [...] encontramos textos em que grandes sábios revelam, com maior ou menor espontaneidade, índices de incompreensão sobre o tema, tão banal, dos números relativos. Mas nossa surpresa não faria senão crescer diante das sínteses de d'Alembert e Carnot, que não hesitaram em *ostentar a sua incompreensão* sem a menor inibição. (GLAESER, 1981, p. 323, grifos do autor, e que também são nossos por outras razões que não as dele.)

Uma interpretação alternativa e contextualizada da história dos números inteiros relativos, não mais de natureza subjetivista, personalista e retroativo-indutivista como a empreendida por Glaeser, portanto a nosso ver, muito mais esclarecedora, foi aquela proposta por Schubring num artigo intitulado *Ruptures dans le status mathématique des nombres négatifs*, publicado em 1986 na revista francesa *Petit x*. Nesse artigo, o autor nos mostra a possibilidade de *coexistência* de *histórias diferenciadas* dos números inteiros relativos em função dos estatutos diferenciados de que gozava esse tipo de número no interior de comunidades matemáticas de países distintos (no artigo citado, o autor analisa o caso da França, da Inglaterra e da Alemanha, países que, desde a segunda metade do século XVIII, possuíam as maiores comunidades de matemáticos).

Com isso, esse autor acaba explicitando e voluntariamente reforçando a tese do *papel orientador e eficaz das representações epistemológicas no desenvolvimento da matemática*, o que significa defender implicitamente uma nova forma de se conceber a relação entre história e epistemologia da Matemática, diferente daquelas sugeridas por Piaget & García, Brousseau e Glaeser.

Schubring, em sua história alternativa dos números inteiros relativos, chega a extrair conclusões bastante diferentes daquelas que nos forneceu Glaeser. Uma delas é a de que a tão comentada regra dos sinais, contrariamente àquilo que defendeu Glaeser, não teria chegado a constituir um problema perturbador para a comunidade matemática, isto é, não teria chegado a constituir um verdadeiro obstáculo epistemológico de origem epistemológica e, sim, de origem didática.

O estudo realizado por Glaeser sobre os números inteiros relativos acabou suscitando uma polêmica entre os próprios investigadores pertencentes à escola francesa de didática da Matemática.

Na tentativa de *salvar* a noção de obstáculo epistemológico e de manter o seu presumido papel de importância na investigação em didática da Matemática, Artigue, com base em investigações sobre a aprendizagem da noção de limite realizadas por B. Cornu e, posteriormente, por A. Sierpinska, deverá *acentuar ainda mais* a importância da análise epistemológica da história para a investigação didática. Artigue pensa poder superar essa aparente contradição por meio da defesa da tese de que aquilo que tanto a história quanto o ensino-aprendizagem deveriam atestar seria a presença, não de *conhecimentos-obstáculos* propriamente ditos, mas de *processos ou mecanismos mentais produtores de conhecimentos-obstáculos* tais como a generalização abusiva, a regularização formal abusiva, a fixação sobre uma contextualização ou uma modelização familiares e o amálgama de noções sobre um suporte dado (ARTIGUE, 1990, p. 261-262).

De certo modo, essa tese de Artigue se assemelha àquela defendida por Piaget e García, e, por conta dessa semelhança, isto é, por insistir em continuar defendendo uma espécie de paralelismo ontofilogenético ao nível, não mais dos conhecimentos, mas dos processos mentais, fica também sujeita a todas as considerações críticas já feitas ao ponto de vista daqueles autores. Além disso, ao deslocar, nesse paralelismo, a ênfase dos conhecimentos-obstáculos para os processos ou mecanismos mentais, acaba estabelecendo uma distinção artificial e insustentável entre mecanismos mentais e conhecimentos. Não seriam também os processos ou mecanismos mentais produtores de conhecimentos-obstáculos, eles próprios, formas de conhecimento? Seria o conhecimento uma categoria histórico-epistemológica enquanto os processos mentais seriam construtos de natureza estritamente psicológica? E se for esse o caso, que lugar ocupariam os processos ou mecanismos mentais no plano da cognição? Mas se os processos mentais são construtos de natureza estritamente psicológica, qual seria o estatuto dos processos a eles correspondentes ao nível da história? Seriam esses processos mentais obtidos como produtos de uma análise epistemológica, histórica, psicológica ou didática?

Anna Sierpinska, ex-professora do Instituto de Matemática da Academia de Ciências da Polônia e, atualmente, professora do Departamento de Matemática e Estatística da Universidade de Concordia em Montreal (Canadá), também se envolveu na discussão acerca do *status* da noção bachelardiana de *obstáculo epistemológico* no plano da investigação em didática da Matemática. Envolveu-se, diga-se de passagem, através do seu estudo acerca dos *obstáculos epistemológicos relativos à noção de limite*, com o propósito explícito de reafirmar a oportunidade e a importância dessa noção no terreno da investigação em didática da Matemática. Embora esse estudo tenha sido realizado antes do aparecimento do artigo de Artigue, a que fizemos referência anteriormente, e antes da realização, em 1988, do Colóquio Internacional de Montreal, organizado em torno dessa temática, Sierpinska se mostra consciente da polêmica que vinha sendo travada em relação à noção bachelardiana de *obstáculo epistemológico*. Mesmo que Sierpinska afirme explicitamente que o estudo por ela realizado se insere na linha de investigação proposta por Brousseau, pensamos que ela acaba explicitando uma concepção de obstáculo epistemológico que se aproxima muito mais daquela defendida por Artigue. De fato, ela parece não conceber os obstáculos como *conhecimentos* propriamente ditos, como o faz Brousseau, e sim como "*causas de lentidões e perturbações*" na aquisição de determinado conhecimento.

É claro que a intenção de se buscar explicações para o problema da *lentidão histórica* do surgimento de uma ideia matemática ou de uma propriedade relativa a essa ideia já traz implícita em si mesma o pressuposto de que teria havido, de fato, uma tal lentidão. Mas em relação a que e com que propriedade se poderia pressupor isso? Qual deveria ter sido o *tempo histórico normal ou razoável* para que se percebesse que uma tal noção gozaria de uma tal propriedade? E por que uma tal propriedade deveria necessariamente ter sido percebida em algum tempo? Percebe-se, por meio dessas questões, que a pressuposição de existência de *lentidão* no terreno da história das ideias só consegue se estabelecer quando se toma implicitamente como parâmetro aquilo que uma ideia matemática se tornou no nosso tempo. Estamos, portanto, novamente, diante da presença dos mesmos pressupostos já utilizados amplamente por Bachelard: o de que o curso das ideias seria governado pela noção de progresso, ainda que não linear, e o de projeção do presente no passado, isto é, de projeção no passado de nossa expectativa de que as ideias matemáticas se tornassem, *o mais rapidamente possível*, aquilo que elas acabaram se tornando. Pensamos que o termo *lentidão* não goza do estatuto histórico necessário para configurar um problema de investigação histórica. Por outro lado, quem postula a existência de *lentidão* deverá também postular, por decorrência, a existência de *causas* ou *obstáculos* que a expliquem. Mas, se se parte de um postulado histórico ilegítimo, o que pensar dos desdobramentos que ele impõe ao historiador? E pensamos que Sierpinska não se coloca em vantagem em relação a Brousseau ou a Artigue ao tentar conceber os obstáculos epistemológicos como *causas explicativas das lentidões*. Além do mais, quando atentamos para a natureza das causas por ela invocadas para explicar o reconhecimento histórico tardio de que a operação de passagem ao limite goza do estatuto de verdadeira operação matemática, notamos que essas causas ou obstáculos ou se caracterizam por ser *conhecimentos que teriam impedido o reconhecimento de um outro conhecimento* – e, portanto, conhecimentos no sentido de Bachelard ou Brousseau –, ou se caracterizam por ser *uma ausência de percepção* de que os conceitos matemáticos funcionam ou deveriam ser vistos de tal ou qual maneira, isto é, por ser *uma ausência de conhecimento*, o que se choca com a concepção bachelardiana e brousseauniana de obstáculo epistemológico.

O que dissemos a respeito da concepção de obstáculo epistemológico, no plano histórico, poderia também ser transferido para o plano da construção individual ou interativa dessa noção na atualidade, embora nesse nível Sierpinska não nos forneça um critério explícito que funcione como um parâmetro para a identificação de obstáculos.

Em sua comunicação intitulada *Sur un programme de recherche lié à notion de obstacle épistémologique* feita no Colóquio Internacional de Montreal, ocorrido em outubro de 1988, Sierpinska tenta dar um passo além no sentido de caracterizar melhor a sua concepção de obstáculo epistemológico. Essa *mudança de orientação*, expressa pelo que vamos chamar de *"teoria trifásica acerca da cultura matemática"*, e na qual ela vai ancorar a sua tese de que *os obstáculos epistemológicos devem ser encarados como um fenômeno cultural*, acha-se, porém, melhor e mais recentemente explicitada em seu livro *Understanding in Mathematics*, publicado em 1994. Antes de mais nada, é preciso esclarecer que a "sua" teoria trifásica acerca da cultura matemática não é totalmente original, mas inspira-se, como ela mesma ressalta, nos trabalhos antropológicos de E. T. Hall, particularmente no livro intitulado *The Silent Language*, publicado em 1981. De fato, segundo ela, também na cultura matemática poderiam ser distinguidos três níveis, que se caracterizariam do seguinte modo: (1) um nível técnico, isto é, o nível do conhecimento racionalmente justificado portanto aceito pela comunidade dos matemáticos; (2) um nível formal, isto é, o nível ao qual pertencem as crenças, as convicções e atitudes hegemônicas em relação à matemática as quais, por ser hegemônicas, são tidas como óbvias; (3) um nível informal, isto é, o nível do conhecimento tácito, dos cânones de rigor e convenções implícitas (SIERPINSKA, 1994, p. 163-165).

Nesse novo quadro teórico, os obstáculos voltam a ser concebidos como *conhecimentos* propriamente ditos. Mas para que isso seja possível, por um lado, crenças, concepções, convicções e atitudes são incluídos na mesma categoria a que pertencem os *conhecimentos ditos óbvios*, isto é, acima de quaisquer suspeitas, e, por outro lado, *aqueles expedientes* que permanecem no nível do não dito, do não completamente consciente (isto é, mecanismos e processos mentais individuais, normas, regras e critérios institucionais implícitos de validação do conhecimento) passam também a ser vistos como *conhecimentos tácitos*. Mas, se o critério aparente que distingue os conhecimentos óbvios dos tácitos baseia-se no grau de consciência individual ou pública das crenças, normas e mecanismos mentais, a distinção entre conhecimentos óbvios e tácitos torna-se difusa, uma vez que não vemos por que razões crenças, concepções, convicções e atitudes devam, necessariamente, gozar da propriedade de "ser totalmente conscientes" ou "óbvias", e por que razões processos mentais individuais, normas e critérios institucionais, pelo fato de ser implícitos ou tácitos, não possam gozar também da propriedade de "ser completamente conscientes". Não vemos, ainda, por que razões os conhecimentos explícitos e publicamente legitimados (pertencentes ao nível técnico) não possam ser considerados óbvios e completamente conscientes, o que torna difusa a fronteira que separa os conhecimentos ditos "técnicos" dos ditos "formais". Adicionalmente, segundo Sierpinska, é apenas nos níveis formal e informal que os obstáculos epistemológicos podem se manifestar. Portanto, ao negar a possibilidade de manifestação dos obstáculos epistemológicos no "nível técnico" da cultura matemática, Sierpinska exclui a possibilidade de buscar obstáculos exatamente naquela categoria de conhecimentos que para Brousseau e, em certo sentido também para Bachelard, constituía a *fonte natural* de obstáculos propriamente dita. Mas não levanta qualquer argumento convincente para justificar o que impede os conhecimentos técnicos de poder funcionar também como obstáculos. Pensamos, ainda, que tanto na *teoria da cultura* de Hall quanto na correlata *teoria da cultura matemática* de Sierpinska, o termo "cultura" é concebido meramente como o espaço de ação e interação de um conjunto de indivíduos espacialmente e temporalmente configurados. É a intersubjetividade que define a cultura, mas nenhum papel é conferido às estruturas sociais propriamente ditas, pois o "social" é assimilado ao "intersubjetivo" e, tal como em Lakatos, o conhecimento se desenvolve e se transforma *exclusivamente* mediante a crítica pública. Nenhum papel significativo desempenham nesse processo as formas de organização política, econômica e social e as estruturas sociais a elas correspondentes; os grupos e as classes sociais, com suas ideologias e interesses acham-se também excluídos desse processo. Nesse sentido, os obstáculos epistemológicos – supostos motores do progresso do conhecimento – ou são gerados por construtos subjetivos, ou por construtos "objetivos" internos a uma comunidade científica restrita, fechada em si mesma, que não sofre influências de "fatores culturais" que extrapolem os seus próprios limites de ação e atuação. Radford tem razão quando afirma que o *programa revisado dos obstáculos epistemológicos* apresentado por Sierpinska "*reduz a cultura ao social behaviorismo*", o que o torna muito parecido com o *Strong Program* de Bloor (RADFORD, 1997, p. 30). Dessa forma, o compromisso com o social behaviorismo, o artificialismo e a ambiguidade subjacentes à teoria trifásica de Hall-Sierpinska impedem que a encaremos como um recurso razoável, consistente e convincente de *salvamento* da *teoria filosófica dos obstáculos epistemológicos*.

Devemos acrescentar que, mesmo nessa segunda fase do pensamento de Sierpinska, não fica satisfatoriamente caracterizado o papel que cumpriria a análise epistemológica no plano da prática pedagógica e/ou da investigação em Educação Matemática. Mas é preciso entender como é que para Sierpinska a história da Matemática intervém nesse processo, isto é, de que modo a análise histórica se distinguiria da própria análise epistemológica e por que a ela deveria recorrer o investigador em Educação Matemática, que se situa dentro do chamado *referencial histórico-empírico da compreensão matemática*. A seguinte passagem é bastante esclarecedora a esse respeito:

> A hipótese fundamental que está subjacente à abordagem histórico-empírica *não é a da existência de um paralelismo em termos de conteúdos* entre os desenvolvimentos histórico e genético da compreensão científica. Aquilo que se considera responsável pelas semelhanças que encontramos entre os modos como nossos estudantes compreendem e o modo como nossos antepassados compreenderam na história, *não é o suposto fato de que a "filogênese recapitula a ontogênese"* mas, por um lado, um certo *compartilhamento de mecanismos* desses desenvolvimentos, e, por outro, a *preservação, na tradição linguística e no uso metafórico de palavras, dos sentidos a elas atribuídos no passado*. (SIERPINSKA, 1994, p. 122-123, grifos nossos)

Não podemos deixar de destacar uma espécie de contradição presente no modo como Sierpinska tenta caracterizar a hipótese fundamental subjacente à abordagem histórico-empírica da compreensão (ou aprendizagem significativa) da matemática. De fato, ao mesmo tempo que, ao tentar *caracterizá-la negativamente*, insiste em registrar que *não* se trata de uma hipótese recapitulacionista ou que *não* se pretende defender um paralelismo no nível dos conteúdos matemáticos propriamente ditos, ao *caracterizá-la positivamente*, ressalta a *preservação* de certas características tanto na filogênese quanto na ontogênese, quais sejam, a de certos mecanismos inerentes à construção do conhecimento (a sequência dos estágios e mecanismos de passagem de um a outro dos níveis intra, inter e trans) e dos sentidos racionais e metafóricos dos termos científicos. Ao levantar essa hipótese, Sierpinska nos coloca diante da seguinte situação: (1) há *algo* que se *preserva* em ambos os processos; (2) esse *algo* não são coisas banais, mas coisas muito relevantes como mecanismos de produção do conhecimento e significados das palavras. É claro que o recapitulacionismo não se caracteriza simplesmente pela defesa do ponto de vista de que algo se preserva nos dois processos. Precisaríamos saber as *razões que sustentariam tal preservação*, uma vez que não se trata de duvidar de que os estudantes da atualidade continuam empregando muitos dos mecanismos mentais empregados por nossos antepassados e de que continuam atribuindo a certas palavras muitos dos significados a elas atribuídos por eles. Mas como explica Sierpinska essa preservação? Explica-a recorrendo ao mesmo tipo de argumento de *natureza biológica* utilizada por Piaget e García na obra a que já nos referimos. Essa preservação nem mesmo recebe qualquer tipo de explicação com base em sua *teoria cultural trifásica de cunho social-behaviorista* da cultura matemática, utilizada exclusivamente para defender a natureza cultural dos obstáculos epistemológicos. Em nenhum momento se alega que tal "preservação" poderia ter-se dado através de *mecanismos propriamente socioculturais* como os de transmissão ou apropriação cultural, de preservação da memória ou difusão da cultura, etc. Dessa maneira, a hipótese que levanta Sierpinska para justificar uma abordagem histórico-empírica da Educação Matemática no nível da investigação fica sujeita às mesmas críticas que já fizemos às pesquisas em Educação Matemática que tomam por base o referencial de Piaget e García. Mas poderíamos nos perguntar ainda por que o pesquisador em Educação Matemática, filiado ao *referencial histórico-empírico* precisaria, necessariamente, se basear numa hipótese dessa natureza para realizar suas investigações. De acordo com Sierpinska, só podemos saber se de fato está ocorrendo uma aprendizagem significativa (isto é, uma aprendizagem com compreensão) de um tópico qualquer da Matemática se tivermos como referência um *"modo ideal de compreensão do objeto em questão"* (SIERPINSKA, 1994, p. 124). Mas como poderemos julgar se uma forma de aprendizagem é, de fato, mais significativa do que outra qualquer? Onde buscar esse *modo ideal de compreensão*? É aqui que a história intervém. Diz ela:

> [...] se sabemos quais foram as maiores rupturas na história (ou pré-história) de uma teoria; quais questões impulsionaram repentinamente novos desenvolvimentos; quais foram as formas de compreensão causadoras de estagnação, então, seremos capazes de identificar as formas de aprendizagem realmente relevantes. Mas nessa avaliação, o estágio de desenvolvimento no qual se encontra a criança ou o estudante é um fator importante. Embora *as formas iniciais de compreensão* estejam implicadas nas formas adultas, elas *não são transparentes*, e a História da Matemática é a *história da matemática adulta*. Portanto, as análises históricas devem ser feitas em interação com os estudos empíricos acerca do modo como os conceitos matemáticos se desenvolvem na criança. Então, *uma aprendizagem pode ser julgada significativa se ela acusa a passagem para um nível diferente de pensamento*, por exemplo, do intra para o inter ou do pensamento sob a forma de complexos para o pensamento conceptual, se desejamos trabalhar com o referencial da psicologia Vygotskiana. Em geral, propomos julgar como mais importantes do que quaisquer outras, *aquelas formas de aprendizagem que consistem em superar obstáculos*, epistemológicos ou desenvolvimentais, relacionados com o conhecimento científico maduro. (SIERPINSKA, 1994, p. 124, grifos nossos)

Nessa colocação, a história se manifesta como fonte de busca das formas ideais de aprendizagem matemática. É por essa razão que o pesquisador deveria recorrer a ela. Mas tendo em vista o fato de a História da Matemática ser *uma história da matemática adulta*, isto é, uma *matemática produzida por adultos*, essas formas ideais de aprendizagem matemática devem ser confrontadas com estudos empíricos de desenvolvimentos conceptuais de *crianças da atualidade*. Vê-se, portanto, que a necessidade do confronto não advém da existência de intenções, motivações sociais e condições políticas, econômicas e sociais diferenciadas subjacentes ao contexto histórico de produção do saber matemático e ao contexto da aprendizagem escolar contemporânea desse saber, mas tão somente da *diferença etária* existente entre o *matemático adulto* de qualquer época, o contexto e o *aprendiz neófito da Matemática* de qualquer época e contexto. Portanto, para que o aprendiz neófito da Matemática, na atualidade, atinja o patamar no qual se encontra a matemática adulta, na atualidade, basta percorrer, gradativamente, os diferentes níveis hierárquicos de pensamento pelos quais passaram os matemáticos adultos de qualquer época e contexto. É dessa forma, e somente dessa, que o aprendiz da atualidade realizaria uma aprendizagem de fato significativa, atingindo a compreensão matemática. Mas para Sierpinska, esse percurso etapista em direção à matemática adulta só pode ser realizado mediante a superação de obstáculos:

> Por que pensamos que a compreensão ideal deve ser atingida através da superação de obstáculos? Por que o processo de compreensão deve ter uma tal natureza dramática? As razões repousam em nossas hipóteses acerca do desenvolvimento intelectual de um indivíduo e do desenvolvimento histórico do conhecimento. A primeira hipótese é que na passagem de um nível a outro de conhecimento e compreensão, há uma necessidade simultânea de integração e reorganização. A cognição não é um processo acumulativo. Pressupõe-se isso tanto para a psicogênese quanto para a história do conhecimento científico. (SIERPINSKA, 1994, p. 125-126)

Vê-se, agora, que os obstáculos epistemológicos não são mais concebidos, como anteriormente, como obstáculos à compreensão "correta", e sim como obstáculos a alguma mudança na estrutura da mente. Dessa forma, a importância da história para o pesquisador em Educação Matemática se evidencia não mais pelo fato de haver uma preservação dos mesmos obstáculos epistemológicos, tanto na filogênese quanto na psicogênese, mas pelo fato de haver *uma preservação da forma de se produzir o conhecimento matemático, via superação de obstáculos*, nessas duas instâncias. A psicogênese do conhecimento matemático e a aprendizagem escolar da Matemática não mais espelham os obstáculos epistemológicos em si mesmos, mas a forma de se produzir o conhecimento matemático através da superação de obstáculos. A ênfase passa dos obstáculos em si mesmos para a forma de se processar uma aprendizagem que só será compreensiva caso se processe via luta para a superação de obstáculos, luta que só a história nos poderia ensinar.

Quando se procede a uma avaliação sumária do modo como a noção bachelardiana de obstáculo epistemológico foi apropriada pelos educadores matemáticos filiados à escola francesa contemporânea de didática da Matemática, de toda a polêmica que se estabeleceu em relação à legitimidade de sua utilização ao nível da investigação e da ação pedagógica, a seguinte conclusão se impõe: parece-nos difícil discordar do fato de que os alunos, em seus processos de aprendizagem escolar da Matemática, enfrentam dificuldades e obstáculos dos mais diversos tipos, os quais impedem a apropriação do novo conhecimento. Difícil parece também discordar do fato de que nossos antepassados, no enfrentamento de problemas determinados no processo de produção de novos conhecimentos no terreno da matemática também enfrentaram dificuldades e obstáculos de diferentes tipos. Entretanto, quando falamos na existência de dificuldades e obstáculos no plano contemporâneo do ensino-aprendizagem da Matemática, estamos querendo dizer com isso que as dificuldades e os obstáculos enfrentados pelos estudantes são sempre *relativos*, tendo em vista que eles só podem ser caracterizados como dificuldades e obstáculos porque o são *à luz de um sistema de referências constituído pelo saber já elaborado* que se está querendo transmitir, reconstruir ou problematizar. O mesmo não ocorre, entretanto, em relação às dificuldades e obstáculos enfrentados por nossos antepassados. Por quê? Simplesmente, porque eles não possuíam um sistema de referência "acabado" à luz do qual pudessem julgar a validade das suas propostas de soluções aos problemas enfrentados. Portanto, não podiam ter consciência desses obstáculos (ou, pelos menos, dos mesmos obstáculos aos quais se costuma hoje fazer referência). Nesse sentido, *esses* obstáculos *inexistiam para eles*. Apenas quando saídas e propostas de solução "adequadas", isto é, aceitas como adequadas por uma comunidade científica, são alcançadas é que se pode rever as propostas antecedentes e "enxergar" nelas desvios e mal-entendidos em relação à solução adequada negociada e "obstáculos" que seus proponentes não teriam sabido superar adequadamente.

Quando se faz história temática da matemática ou história das ideias matemáticas com base na noção de obstáculo, tal como a concebeu Bachelard, está-se, implícita ou explicitamente assumindo um *pressuposto indutivista regressivo* ilegítimo, que pode ser assim expresso: as propostas de solução a determinados problemas, aceitas como bem-sucedidas e adequadas numa certa época, podem ser legitimamente utilizadas como referência para apontar as "deficiências" do passado, as "deficiências" dos nossos antepassados, as "deficiências" das opções realizadas por nossos antepassados. Desse modo, se algumas vezes estudantes da atualidade incorrem nos mesmos tipos de erros ou se defrontam com obstáculos análogos àqueles enfrentados por nossos antepassados, isso não significa que os processos pedagógicos da atualidade deveriam estar, inevitavelmente direcionados, condicionados ou mesmo poderiam ser explicados ou justificados pelos fracassos pessoais de matemáticos manifestados no passado. Em nosso modo de entender, isso significa apenas e tão somente que o modo como os estudantes da atualidade, inseridos num contexto determinado, interagem com a forma pela qual o professor resolve conduzir os processos construtivos de ensino-aprendizagem nesse contexto, propicia o surgimento dessas dificuldades e não de outras. Se assim não fosse, como explicar o fato de os estudantes da atualidade estarem fatalisticamente inclinados a reproduzir os mesmos "erros" e "obstáculos" enfrentados por nossos antepassados e se mostrarem incapazes de reproduzir também seus "êxitos" e "acertos"? Além do mais, é possível, atualmente, como o fez Leo Rogers no Encontro de História e Educação Matemática ocorrido em Braga em 1996, questionar a concepção bachelardiana de obstáculo epistemológico com base no argumento de que essa concepção assenta-se em uma visão indutivista da história e, por isso, essa noção não seria confiável nem para se proceder a uma análise e avaliação do desenvolvimento científico ou matemático, e muito menos para se predizer problemas pedagógicos contemporâneos (ROGERS, 1996). De fato, a concepção indutivista da

História, e particularmente da História e da Filosofia da Ciência e da Matemática, nada mais faz do que tentar proceder a uma análise avaliadora e julgadora da ciência passada com base naquilo que a ciência se tornou no presente. Tudo se passa como se a Matemática contemporânea pudesse constituir critério fidedigno e legítimo para se avaliar as atitudes, as ideias, as formas de procedimento e as opções de nossos antepassados, isto é, a Matemática de nossos antepassados. Tudo se passa como se a matemática, inevitavelmente, tivesse que se tornar aquilo que se tornou. E daí, a noção de "obstáculo" passa a dizer respeito a tudo aquilo que, no passado, teria impedido a Matemática de se tornar aquilo que hoje ela é, de se apresentar do modo como ela se nos apresenta hoje. É claro que uma visão indutivista regressiva dessa natureza é incompatível com a concepção de matemática como *produção sociocultural* ou como uma *representação social* como defendeu Restivo (RESTIVO, 1993, p. 99-128). Isso porque, ela sempre produz uma história internalista, desencarnada e descontextualizada de conceitos e ideias, na qual os fatores externos não podem exercer papel significativo algum, uma vez que a Matemática, desde o início, tende a ser aquilo que é em sua forma contemporânea. Uma visão que corta, pela raiz, a possibilidade de a Matemática ter-se tornado algo diferente daquilo que ela é hoje.

Caracterização da Perspectiva Sociocultural

Uma *quarta perspectiva teórica* no interior do campo de investigação *História na Educação Matemática* é a que aqui denominaremos *Perspectiva Sociocultural*. Tal perspectiva vem sendo desenvolvida e defendida por Luis Radford – professor da Université Laurentienne do Canadá, e por Fulvia Furinghetti, professora da Universidade de Genova, na Itália.

Luis Radford, em um artigo (RADFORD, 1997, p. 26-33) baseado em sua exposição feita no encontro conjunto do HPM e da Segunda Escola Europeia de Verão sobre História e Epistemologia da Matemática, ocorrido em Braga (Portugal) em 1996, indaga-se a respeito do papel da análise histórico-epistemológica para o pesquisador em Educação Matemática.

A sua resposta se coloca dentro da perspectiva sociocultural que concebe o conhecimento em geral como "um processo cujo produto é obtido através de negociação de significados resultantes da atividade social dos indivíduos, no interior do contexto cultural que os envolve" (RADFORD, 1997, p. 32), e o conhecimento matemático em particular, como uma "manifestação simbólica de certas sensibilidades desenvolvidas pelos membros de uma cultura através de experiências compartilhadas e a partir das quais o significado dos produtos é produzido" (RADFORD, 1997, p. 30). Aliás, uma das principais teses em favor da qual esse autor argumenta no artigo a que estamos nos referindo é a de que o conteúdo e a forma do conhecimento matemático são definidos pela complexa estrutura cultural extramatemática que o envolve e na qual ele se constitui e se desenvolve (RADFORD, 1997, p. 32, grifo do autor).

É a partir dessa concepção epistemológica sociocultural de cunho semiótico e, mais particularmente, linguístico-semântico do conhecimento matemático – de cuja aplicação no terreno da História da Matemática o autor nos fornece interessantes exemplos ao longo de seu artigo – que devemos considerar, antes de mais nada, o modo como Radford concebe a relação entre a História da Matemática e a epistemologia. Para ele, a análise histórico-epistemológica do conhecimento matemático cumpre vários papéis, dentre os quais destaca: a obtenção de informações acerca do desenvolvimento intracultural e intercultural desse conhecimento, a constituição e a transformação intra e interculturais dos significados produzidos para esse conhecimento, as concepções culturais subjacentes a esses significados, os modos de entendimento das negociações relativas à produção e desenvolvimento desse conhecimento, o modo pelo qual programas de pesquisa rivais confrontavam-se uns com os outros em um certo momento do desenvolvimento da matemática (RADFORD, 1997, p. 32).

O próprio fato de Radford usar a expressão híbrida *análises histórico-epistemológicas* nos sugere que ele não defende ou, pelo menos, não tematiza, a distinção entre uma análise histórica propriamente dita e uma análise epistemológica. Mas se em Bachelard – e nos diferentes investigadores afinados com o projeto da escola francesa contemporânea de didática da matemática – a análise epistemológica, por meio da noção de obstáculo epistemológico, tenta se distinguir da histórica por meio de um projeto que defende a possibilidade e a necessidade de constituição de uma história do pensamento matemático com base no pressuposto da legitimidade da projeção regressiva dos resultados da matemática contemporânea sobre as de nossos antepassados, e se em Piaget e Garcia essa distinção procura se estabelecer por meio de um projeto que defende a possibilidade e a necessidade de constituição de uma história do pensamento matemático com base no pressuposto da legitimidade da projeção da psicogênese do conhecimento matemático sobre a sua filogênese (pressuposto este também defendido por alguns dos didatas franceses), aquilo que caracterizaria uma história epistemológica para Radford seria a defesa de um projeto de constituição histórica das ideias matemáticas com base em uma concepção sociocultural de cunho semiótico e, mais particularmente, de cunho linguístico-semântico do conhecimento matemático.

Mas, se Radford se diferencia dos demais autores que temos analisado mais no modo de se conceber a matemática e a sua história do que propriamente no que diz respeito à forma de se conceber a relação entre história e epistemologia da matemática, afasta-se consideravelmente deles no que se refere ao modo de se conceber a relação entre a História da Matemática e a Educação Matemática. De fato, logo no início do seu artigo, demonstra clareza em relação ao fato de que qualquer empreendimento de investigação pedagógica que faça apelo à história deveria, antes de mais nada, oferecer-nos argumentos para justificar essa conexão. Lamenta também o fato de que tal argumentação seja frequentemente negligenciada por parte de professores e pesquisadores, o que faz com que eles assumam tacitamente o pressuposto da existência de um vínculo necessário entre o passado e o presente (RADFORD, 1997, p. 26).

Colocando-se como um crítico de todos os tipos de argumentos baseados no princípio do paralelismo ontofilogenético, defende que o principal papel das análises histórico-epistemológicas no domínio da Educação Matemática é o de constituir os antigos significados ou campos semânticos de teorias, conceitos e procedimentos matemáticos, os quais, através de uma análise e adaptação didática, poderão ser compatibilizados e incorporados aos currículos da atualidade, bem como poderão fornecer subsídios para a produção de sequências didáticas a serem desenvolvidas no *contexto social da atividade matemática em sala de aula*. Desse modo, a História da Matemática passa a ser vista como uma espécie de *laboratório espistemológico* para a análise do processo de transformação do conhecimento matemático (RADFORD, 1997, p. 32).

É necessário destacar aqui que, quando os autores falam em *contexto social da atividade matemática em sala de aula*, estão conscientemente empenhados em romper com as diferentes abordagens ditas construtivistas da aprendizagem matemática, quer aquelas assentadas na concepção construtivista radical da produção de conhecimento, quer aquelas mais afeitas à concepção socioconstrutivista nas quais os fatores sociais aparecem mais como uma concessão externa, que não se pode evitar, no processo privado de construção pessoal do conhecimento do que como algo que condiciona, desde o início e organicamente, o processo de apropriação interativa e coletiva do conhecimento matemático. Trata-se, portanto, de uma ruptura de natureza epistemológica em relação às abordagens construtivistas, que fica bem caracterizada nas seguintes palavras dos autores:

> [...] nas abordagens construtivistas, o conhecimento é visto como uma estrutura que tende a se destacar do concreto para chegar a seu nível mais elevado que se caracteriza pelas operações sobre *objetos formais* ("conchas vazias"). A esta concepção de conhecimento que, como mostrou O'Loughlin, está longe de ser não problemática (desde que se considere mais de perto a questão "o que é que se quer dizer exatamente quando se diz que o indivíduo constrói seus próprios conhecimentos?"), se opõe uma concepção segundo a qual o saber é sempre um saber sócio-contextualizado [...]. Nessa perspectiva, a compreensão das dinâmicas de aculturação que condicionam os processos de interiorização do conhecimento e de formação do "plano de consciência" no indivíduo adquire uma importância capital para a epistemologia em geral e para a Educação Matemática em particular. [...] Um elemento fundamental no processo de aculturação é a linguagem. Ela não é somente a via de expressão do indivíduo sobre seu meio; ela é uma ferramenta

mediática de mão dupla, uma vez que permite também que o indivíduo elabore planos conceptuais de consciência de representações complexas e diferenciadas do mundo. No caso da matemática, a linguagem adquire uma importância particular, visto que ela se vê mobilizada através de várias categorias semióticas, cada uma com seus próprios níveis de abstração. (RADFORD; GUÉRETTE, 1996, p. 301-302, grifos dos autores)

Vê-se, portanto, que para os integrantes da perspectiva sociocultural, que tem suas raízes no referencial teórico neovygotskyano, a aprendizagem matemática é fundamentalmente vista como a capacidade pessoal de se apropriar, através da negociação interativa (sobretudo de natureza dialógica) dentro de um determinado contexto cultural, das significações semióticas sócio-historicamente produzidas aos objetos matemáticos no interior de uma atividade (atividade matemática no plano histórico e atividade pedagógica culturalmente contextualizada de apropriação e/ou produção de significações semióticas no presente). De acordo com esse ponto de vista, os objetos matemáticos passam a ser concebidos, fundamentalmente, como construtos socioculturais, e panculturais, de natureza semiótica e, sobretudo, de natureza linguístico-semântica. Desse modo, a História da Matemática aparece como campo de possibilidade de constituição das situações, contextos e circunstâncias culturais engendradoras do conhecimento matemático e de suas transformações, bem como, é claro, das significações semióticas intra e interculturais produzidas e negociadas nos processos de circulação, recepção e transformação desse conhecimento em diferentes contextos e épocas. É por essa razão que, para os proponentes dessas perspectivas, a História da Matemática, constituída segundo essa orientação teórico-epistemológica, é uma fonte inspiradora de sequências didáticas para o ensino-aprendizagem dessa disciplina.

A perspectiva defendida por Radford, Guérette e Furinghetti inspira-se na tradição filosófica do materialismo dialético, para a qual o conhecimento é concebido como *"uma práxis cognitiva mediada resultante de atividades nas quais as pessoas se engajam"* (RADFORD; BOERO; VASCO. In: FAUVEL; MAANEN, 2000, p. 163). E dado que essas atividades sempre se processam no interior de uma cultura, isto é, em tempos e espaços determinados, os conhecimentos que por elas e através delas se produzem acham-se sempre revestidos ou emoldurados pela racionalidade da cultura na qual têm a sua origem. Coerentemente com esse ponto de vista epistemológico e com a concepção de aprendizagem prevalecente no interior da perspectiva neovygotskyana, Radford e Furinghetti, diferentemente das perspectivas socioconstrutivistas que tendem a encarar a reconstrução do conhecimento no plano individual exclusivamente como um movimento interativo entre o professor e o aluno, concebem-na como um processo linguístico-semântico ativo e culturalmente mediado de internalização do conhecimento no qual "*o indivíduo (através do uso de signos e do discurso) re-cria conceitos e significados e co-cria novos conceitos e significados*" (RADFORD; BOERO; VASCO. In: FAUVEL; MAANEN, 2000, p. 164). Mas a forma de se conceber a relação entre cultura e cognição, no interior dessa perspectiva, tenta evitar, por um lado, o reducionismo de natureza sociológica que consiste em ver a cognição meramente como um reflexo da cultura e, por outro lado, o reducionismo que consiste em assimilar essa relação àquela que subsiste entre o externo e o interno, identificando o externo com a cultura e o interno com a cognição e concebendo o externo *meramente como uma fonte de estímulos para as mudanças e os desenvolvimentos conceptuais* (FURINGHETTI; RADFORD, 2002). São esses autores que ainda nos esclarecem que uma tal forma de se conceber a relação entre cognição e cultura significa que

> [...] o estudo do desenvolvimento histórico da matemática não pode ser reduzido à sociologia do conhecimento [...] e nem pode ser feito unicamente através da análise de textos. O arquivo (para tomar de empréstimo uma expressão de Foucault), concebido como um repositório histórico de experiências e conceptualizações prévias, comporta os sedimentos da rede das significativas atividades humanas sociais e econômicas de modo que compreender a racionalidade no interior da qual um texto matemático foi produzido requer recolocá-lo em seu próprio contexto e episteme. (FURINGHETTI; RADFORD, 2002)

Como se percebe, no interior dessa perspectiva, existe a consciência de que um projeto de participação da história no ensino-aprendizagem da Matemática não deve nem necessita se pautar em quaisquer das inúmeras variações do princípio recapitulacionista. De fato, Radford, quando escreve em coautoria com Paulo Boero e Carlos Vasco, afirma que:

> [...] desde que uma tal combinação semiótica é contextualmente situada e culturalmente sustentada, não existe, nessa abordagem, a questão de se *ler a história da matemática através de lentes recapitulacionistas* (seja de conteúdos, seja de mecanismos). A história da matemática é o locus mais maravilhoso no qual se pode reconstruir e interpretar o passado, a fim de abrir novas possibilidades para construir atividades para nossos estudantes. Embora as culturas sejam diferentes, elas não são incomensuráveis; com base no conceito de compreensão de Voloshinov, as culturas podem aprender umas com as outras. Suas fontes de conhecimento (por exemplo, atividades e ferramentas) e seus significados e conceitos são historicamente e panculturalmente constituídos. Isso se torna claro pelo fato de a maior parte de nossos conceitos usuais serem mutações, adaptações ou transformações de conceitos passados elaborados por gerações anteriores de matemáticos em seus próprios contextos específicos. (RADFORD; BOERO; VASCO. In: FAUVEL; MAANEN, 2000, p. 164-165, grifos nossos)

As características de um tal projeto ficam mais claras quando atentamos para a natureza dos propósitos que têm orientado as investigações concretas que Radford, Furinghetti e outros pesquisadores que vêm trabalhando no interior da perspectiva sociocultural vêm realizando no campo de investigação da *História na Educação Matemática*:

> Na abordagem sociocultural que defendemos, investigamos textos matemáticos de outras culturas levando em consideração o tipo de prática cultural na qual eles estavam envolvidos a fim de examinar o modo como conceitos, notações e significados matemáticos foram produzidos. Através de um contraste oblíquo com as notações e conceitos que são ensinados no currículo da atualidade, procuramos obter "insights" sobre os tipos de exigências intelectuais que a aprendizagem da matemática solicita de nossos estudantes e ampliar o domínio de nossas interpretações

> das atividades de sala de aula. Ao nível da construção de atividades para a sala de aula, temos finalmente como meta adaptar conceptualizações sedimentadas na história a fim de facilitar a compreensão da matemática por parte dos estudantes.
> (FURINGHETTI; RADFORD, 2002)

Esse esclarecimento parece destacar dois aspectos da atividade docente – o da necessidade de aguçamento e refinamento da capacidade de interpretação do professor a respeito dos fatos relativos à aprendizagem da matemática em sala de aula e o da necessidade de produção de "materiais" instrucionais – para cujo enfrentamento a história da Matemática poderia fornecer elementos e subsídios imprescindíveis.

Mas de que natureza seriam tais subsídios? No fundo, o que Radford e Furinghetti parecem estar querendo nos dizer é que não se trataria de efetuar meramente um movimento no sentido do passado para o presente, a fim de transpor mecanicamente para o campo do ensino-aprendizagem da atualidade, quaisquer elementos que poderiam ser buscados no "repositório" da história. O que nos atesta isso é o método do *contraste oblíquo* que orienta as investigações que realizam acerca do passado. Quando tal método é posto em ação, ele carrega consigo o pressuposto de que no diálogo que se busca realizar entre o presente e o passado, nem o passado se subordina ao presente, nem o presente se subordina ao passado, uma vez que as fontes que constituem objeto de investigação no passado e no presente devem ser lidas e interpretadas relativamente aos condicionamentos das respectivas práticas culturais nas quais se acham inseridas. Isso, a nosso ver, afasta qualquer possibilidade de se interpretar o projeto de Radford em termos recapitulacionistas, uma vez que, para nós, o ponto de vista recapitulacionista está inevitavelmente comprometido com o pressuposto de subordinação mecânica do presente ao passado – ou de determinação do presente pelo passado –, quaisquer que sejam as razões alegadas para justificar tal subordinação ou determinação.

O Quadro 4 sintetiza as principais características da Perspectiva Sociocultural à luz das categorias por nós eleitas para realizar a análise das perspectivas teóricas.

> ## Quadro 4
> ### Caracterização sumária
> ### da perspectiva sociocultural
>
> **FILIAÇÃO TEÓRICA:** Referencial semiótico neovygotskyano e Teoria da Atividade de Leontiev.
>
> **PESQUISADORES:** Luis Radford (Université Laurentienne do Canadá); Fulvia Furinghetti (Universidade de Genova, Itália).
>
> **NÚCLEO FIRME:** A produção do conhecimento matemático, tanto na psico como na filogênese, é um PROCESSO DE NATUREZA SEMIÓTICA no qual os signos são concebidos como instrumentos psicológicos, simbolicamente constituídos e intimamente ligados às ATIVIDADES que os indivíduos realizam no interior do contexto cultural que os envolve.
>
> **HIPÓTESE AUXILIAR:** O conhecimento matemático resulta da NEGOCIAÇÃO SOCIAL dos signos produzidos nesse processo.
>
> **DEFENDEM O ARGUMENTO RECAPITULACIONISTA?** Não.
>
> **ELEMENTO INVARIANTE NA FILO E NA PSICOGÊNESE:** Inexiste.
>
> **CONCEPÇÃO DOS OBJETOS MATEMÁTICOS:** Construtos semióticos, isto é, construções linguístico-semânticas – que perpassam simultaneamente os domínios da escrita e da fala – sócio e panculturalmente produzidas, negociadas e legitimadas.
>
> **CONCEPÇÃO DE APRENDIZAGEM:** Capacidade pessoal de "internalizar" (coapropriar-se, entender, usar e coproduzir, através da negociação interativa, de natureza sobretudo dialógica, as significações sócio-históricas constitutivas dos objetos matemáticos, internalização mediada por atividades pedagogicamente adequadas ao contexto cultural escolar e baseadas em cuidadosas análises epistemológicas da história.
>
> **POR QUE RECORRER À HISTÓRIA NO ENSINO E/OU NA PESQUISA?** Ela é um laboratório de experiências humanas com as quais se procura dialogar através de um contraste oblíquo com as práticas pedagógicas atuais a fim de se construírem atividades didáticas para o ensino-aprendizagem escolar da matemática.

Um exemplo de investigação desenvolvida no interior da Perspectiva Sociocultural

Esse ponto de vista semiótico-cultural acerca da relação entre a História da Matemática e o ensino-aprendizagem da Matemática em contextos escolares da atualidade fica mais bem caracterizado com um exemplo de *adaptação didática* de resolução de equações de 2° grau fornecido pelo próprio Redford em um artigo (RADFORD; GUÉRETTE, 1996) que escreveu em coautoria com Georges Guérette, integrante do Conselho de Educação de Sudbury, no Canadá. Tal *adaptação didática* da resolução de uma equação de 2° grau – efetivamente desenvolvida em 5 sessões de 80 minutos cada, junto a uma classe de alunos do 11° ano (16 anos) de uma escola de Sudbury – se concretiza através da construção de uma *sequência de ensino* baseada, segundo as próprias palavras dos autores, em um *"cuidadoso estudo epistemológico da história da Álgebra que leva em consideração a reconstrução moderna – realizada por J. Høyrup*[21] *– da álgebra geométrica babilônica, bem como o desenvolvimento da semiótica da Álgebra"* (RADFORD; GUÉRETTE, 1996, p. 301).

Segundo os autores, o trabalho histórico desenvolvido por J. Høyrup constitui uma original interpretação de cunho linguístico aos métodos de resolução de problemas geométricos relativos a dimensões e áreas de retângulos contidos nos tabletes babilônicos encontrados nas escavações arqueológicas no início do século XX. Em vez de pressupor – com base em uma tradição que se manifesta com frequência na historiografia da álgebra – que o método subjacente aos procedimentos numéricos que aparecem explícitos nesses tabletes se baseava no conhecimento, por parte dos escribas babilônicos, da fórmula genérica de resolução de uma equação de 2° grau, fórmula que só não apareceria explicitamente devido à ausência de uma linguagem algébrico-simbólica adequada, Høyrup prefere levantar e defender a conjectura de que tais problemas não só teriam sido enunciados como também resolvidos com base no que denomina de *a linguagem da Geometria*

---

[21] Jens Høyrup é professor do Departamento de Linguagens e Cultura na Universidade Roskilde na Dinamarca. No artigo a que estamos nos referindo, Radford e Guérette citam os seguintes trabalhos de Høyrup: (1) "Al-Khwarizmi, Ibn-Turk, and the Líber Mensurationum: on the Origins of Islamic Álgebra", publicado em 1986 no *Erdem 2* (Ankara), p. 445-484; (2) "Algebra and Naïve Geometry: An Investigation of Some Basic Aspects of Old Babylonian Mathematical Thought", publicado em 1990 no *Altorientalische Forschungen*, 17, p. 27-69 e 262-354; (3) "Les quatre côtes et l'aire: sur une tradition anonyme et oubliée qui a engrendré ou influencé trois grandes mathématiques savantes", publicado em 1995 nas *Actes de la première Université d'Été européenne Histoire et épistémologie dans l'éducation mathématique*, p. 507-531.

do Corte e da Colagem (GCC). Tal interpretação histórica se mostra, é claro, apropriada e conveniente para a perspectiva histórico-cultural de cunho semântico defendida por Radford e Guérette, os quais se apropriam inteiramente de tal interpretação.

Já a sequência de ensino produzida por Radford e Guérette com base no que denominam uma interpretação epistemológica dessa história, se assenta em dois eixos: o do contexto social da atividade matemática em sala de aula e o da *reinvenção* da fórmula geral de resolução de uma equação quadrática. A coordenação desses dois eixos é feita com base na utilização, por parte dos estudantes, daquilo que os autores denominam *diferentes categorias semióticas* (como por exemplo, materiais manipulativos, experiências geométrico-numéricas, etc.) para se expressar e resolver problemas, o que lhes permite ascender a diferentes *níveis de abstração semiótica* (ou, em outras palavras, a diferentes *níveis de generalização*) requeridos no enfrentamento de tais problemas.

A sequência de ensino, composta de 5 etapas, baseia-se nos dois problemas seguintes, introduzidos como quebra-cabeças, os quais são conscientemente e respectivamente inspirados pelos contextos históricos das álgebras babilônica e árabe (RADFORD; GUÉRETTE, 1996, p. 305-306):

1. Quais devem ser as dimensões de um retângulo cujo semiperímetro é 20 unidades e cuja área é 96 unidades quadradas?

2. A largura de um retângulo é 10 unidades. Constrói-se um quadrado sobre o seu comprimento. As duas figuras juntas ocupam uma área de 39 unidades quadradas. Qual é o comprimento do retângulo?

Na primeira etapa, propõe-se aos alunos, reunidos em pequenos grupos de trabalho, a resolução do problema (1). Diante da frequente resposta inadequada – um quadrado de 10 unidades de lado – dada pela maioria dos alunos para as dimensões do retângulo e da resistência por eles oferecida em aceitar a inadequação da resposta, o professor, utilizando grandes figuras construídas em papel-cartão, mostra que, para que um quadrado de lado 10 ocupasse uma área de 96 unidades quadradas, seria preciso retirar dele um pequeno quadrado de lado 2. Quando fazemos isso, o retângulo de dimensões 2 por 8 restante, quando deslocado verticalmente e devidamente justaposto ao retângulo de dimensões 10 por 8, forma um novo retângulo de dimensões 12 por 8.

Tal retângulo, de dimensões 12 por 8, oferece a solução correta do problema, uma vez que ocupa uma área de 96 unidades quadradas.

Na segunda etapa, pede-se aos alunos que descrevam as etapas do método utilizado pelo professor para a resolução do problema. Os alunos procuram discutir entre si, levantando e resolvendo os pontos geradores de conflito presentes no método utilizado. A descrição das etapas do método de um dos alunos é discutida com toda a classe a fim de se obter uma melhor compreensão do método por parte de todos os alunos. Em seguida, o professor pede aos alunos que elaborem, eles próprios, problemas semelhantes com a restrição de que os lados do retângulo sejam expressos exclusivamente por números inteiros.

Na terceira etapa, o professor apresenta aos alunos o problema (2) acima, cuja resolução requer uma organização conceptual diferente daquela utilizada na resolução do problema (1). Os alunos propõem soluções para o novo problema e, com a ajuda do professor, discutem métodos geométricos de ataque semelhantes àquele utilizado no problema anterior. Caso tais métodos não se mostrem adequados, o professor entra em cena e mostra-lhes como aplicar o método do cortar e colar para o enfrentamento do problema em questão. Indicando por 10 e x, respectivamente, a largura e o comprimento do retângulo considerado, desenha o quadrado sobre a largura, corta o retângulo na metade, ao longo da largura e cola uma dessas metades em um dos lados do quadrado consecutivo àquele no qual está anexado a outra metade do retângulo cortado. Os alunos, de pronto, percebem que a figura formada após o corte e a colagem é quase um quadrado de lado x + 5. Para torná-la efetivamente um quadrado, basta completá-la com um pequeno quadrado de 5 unidades de lado. Após a anexação do quadrado de lado 5 à figura, o quadrado de lado x + 5 formado ocupa uma área de (39 + 25) unidades quadradas, isto é, ocupa uma área de 64 unidades quadradas, sendo seu lado, portanto, igual a 8 unidades. Daí, o comprimento do retângulo é 3 unidades. Após a resolução do problema, problemas semelhantes são propostos aos alunos que tentam resolvê-los em pequenos grupos.

Na quarta etapa, as produções que os alunos realizaram na etapa anterior são discutidas e avaliadas e, finalmente, na quinta etapa, o problema 2 é novamente proposto aos alunos, solicitando-lhes, entretanto, que ele seja resolvido sem que números concretos sejam atribuídos à largura e à área do retângulo. Sugere-se que eles utilizem letras para realizar a tarefa. O problema os conduz à resolução da equação $x^2 + bx = c$. Após isso, discute-se também com eles a resolução das equações $ax^2 + bx = c$ e $ax^2 + bx + c = 0$.

Os autores argumentam que, ao percorrer essas cinco etapas da sequência didática inspirada na análise epistemológica da história, os alunos acabam utilizando três categorias semióticas diferentes para expressar os procedimentos de resolução de problemas que recaem em uma equação de 2º grau: uma categoria semiótica verbal-manipulativa, uma categoria semiótica numérico-geométrica e uma categoria semiótica mais geral de caráter algébrico-simbólico.

Caracterização da Perspectiva dos Jogos de Vozes e Ecos

Vamos, finalmente, voltar a nossa atenção para uma *quinta perspectiva teórica* no interior do campo de investigação HInEM. Ela será aqui denominada *Perspectiva Teórica dos Jogos de Vozes e Ecos* (*Voices and Echoes Games*-VEG), nome que lhe foi dado pela própria escola italiana de investigadores que a introduziram e dentro da qual vêm trabalhando os professores Paulo Boero, B. Pedemonte, E. Robotti e G. Chiappini. A adequada denominação *Jogos de Vozes e Ecos* atribuída a essa perspectiva já ressalta, por si mesma, os dois construtos teóricos básicos sobre os quais ela se assenta: o construto *Vozes*, introduzido e desenvolvido por Bakhtin, no interior de sua teoria do discurso – em sua obra *Dostoievski, poética e estilística* – e o construto *Jogos de Linguagem*,[22] introduzido por Ludwig Wittgenstein em seu *O Livro Castanho*. Além desses, a perspectiva dos VEG

---

[22] Foi em seu *O Livro Castanho* (WITTGENSTEIN, 1992) que Wittgenstein introduziu, nos anos de 1934 e 1935, a noção de *jogos de linguagem* e no qual, ao longo de seus 73 exercícios numerados, que parecem didáticos, mas que nada têm de didáticos, pelo fato de Wittgenstein raramente explicitar os seus propósitos, convida o leitor a imaginar: "Imagine um povo em cuja língua não exista uma forma de sentença como 'O livro está na gaveta' ou 'A água está no copo', e que onde quer que nós usemos essas formas eles digam 'O livro pode ser tirado da gaveta', 'A água pode ser tirada do copo'..."; "Imagine que seres humanos ou animais fossem usados como máquinas de leitura; suponha que a fim de se tornarem máquinas de leitura eles precisem de um treinamento específico..."; etc. No entanto, segundo Monk, "o intuito implícito é abalar o domínio da ideia de que imagens mentais precisam necessariamente acompanhar qualquer uso significativo da linguagem" (MONK, 1995, p. 310-311).

assenta-se ainda, aceitando-o, no ponto de vista atualmente polêmico de Vygotsky acerca da distinção entre conceitos científicos – aqueles com os quais a escola lida – e conceitos práticos – aqueles que são utilizados no cotidiano, aceitando também, por consequência, o pressuposto neovygotskyano igualmente polêmico de que a relação que subsistiria entre a Matemática escolar e a Matemática adquirida fora da escola seria da mesma natureza que a que subsistiria entre conceitos científicos e conceitos práticos.[23] Nesse sentido, segundo Boero e seus colaboradores, algumas das características do conhecimento matemático – vistas e concebidas como tradições culturais – que a escola procura transmitir, e que o diferenciam do conhecimento matemático transmitido em contextos informais não escolares e do conhecimento cotidiano em geral, seriam, por exemplo: a sua natureza teórica e sistemática; a sua coerência interna; a natureza dos processos de validação de grande parte desse conhecimento, que tem sua base na compreensão e aceitação de procedimentos lógicos e linguísticos inerentes a uma axiomática; a natureza específica da dimensão discursiva da linguagem matemática através da qual se constrói e se comunica o conhecimento matemático teórico, que é composta de termos linguísticos-chave que se mostram indispensáveis para a constituição de uma teoria ou de um conjunto coordenado de teorias e que veiculam modos específicos de se ver e conceber os objetos de tais teorias (RADFORD; BOERO; VASCO. In: FAUVEL; MAANEN, 2000, p. 166). Toda a problemática de transmissão

---

[23] Guida de Abreu, professora da Universidade de Luton (Inglaterra), explica do seguinte modo a polêmica referente a esse ponto de vista vygotskyano: "Os conceitos matemáticos que a criança adquire no dia a dia seriam considerados conceitos espontâneos. Já aqueles adquiridos na escola seriam considerados científicos. O desenvolvimento destes dois tipos de conceitos ocorre de forma distinta. Conceitos espontâneos originam-se em experiências concretas, impedindo a pessoa de usá-los para formar abstrações. Conceitos científicos são adquiridos através da instrução formal, são abstratos e independentes da realidade. No decurso do desenvolvimento os dois tipos de conceitos se fundem dando origem a formas de conhecer mais elaboradas. Análises mais recentes contestam a visão subjacente ao pensamento de Vygotsky que as diferenças entre o saber do dia a dia e o escolar podem ser descritas em termos de dicotomias entre formas concretas e abstratas. Não existem evidências que as formas de conhecer associadas à prática são naturalmente substituídas pela Matemática escolar. Alternativamente, tem sido sugerida a coexistência de diversas formas de saber – isto é, práticas matemáticas – dentro de uma mesma sociedade" (ABREU, 1995, p. 28-29).

do conhecimento matemático na escola giraria, portanto, segundo eles, no estabelecimento e desenvolvimento de condições que propiciem a apropriação, por parte dos estudantes, das características do conhecimento matemático teórico apresentadas anteriormente, todas elas de natureza linguística e, particularmente, discursiva e dialógica. Vê-se, portanto, que os objetos da matemática, para essa perspectiva, são também objetos linguísticos considerados em todas as dimensões que uma linguagem poderia comportar: sintática, semântica, pragmática, discursiva, dialógica, etc. É daí que advém, portanto, o interesse pedagógico pela filosofia da linguagem de Wittgenstein e, particularmente, pela noção de *jogos de linguagem*. Esse construto wittgensteiniano, quando integrado na perspectiva dos VEG, assume a significação particular de um *ambiente dialógico de aprendizagem* no qual a apropriação por parte dos estudantes – mediante um processo denominado *imitação ativa* por Boero e seus colaboradores – das características específicas e distintivas acima atribuídas ao conhecimento matemático teórico pode ser mediada por tarefas pedagogicamente adequadas e organizadas de modo a poderem inserir-se no interior daquilo que Vygostky denominou *zona de desenvolvimento proximal* dos estudantes (RADFORD; BOERO; VASCO. In: FAUVEL; MAANEN, 2000, p. 166).

Mas, para entendermos o modo como se propõe que a história participe no processo de ensino-aprendizagem da Matemática na perspectiva dos VEG é preciso que entendamos ainda o modo como Boero e seus colaboradores se apropriam do construto bakhtiniano de *vozes* e do construto de *eco*, criado por esses próprios autores.

Entende-se por *vozes*, nessa perspectiva, toda expressão verbal ou não verbal, notadamente aquelas produzidas por cientistas do passado, que representariam, segundo Boero e seus colaboradores, importantes saltos históricos na evolução da Matemática e da ciência, e que funcionariam como veículos de um conteúdo e de uma organização do discurso e do horizonte cultural desses saltos (RADFORD; BOERO; VASCO. In: Fauvel; MAANEN, 2000, p. 165). "*Essas vozes atuam como vozes pertencentes a pessoas reais com as quais se pode estabelecer um diálogo imaginário para além do espaço e do tempo*" (BARTOLINI; SIERPINSKA. In: FAUVEL; MAANEN, 2000, p. 155).

Quando tais vozes são apropriadas e ressignificadas por pessoas de outras épocas e de outros contextos, diz-se que produzem *ecos*. Um eco é, portanto, uma conexão remota estabelecida entre pessoas de diferentes épocas e culturas com base em seus diferentes propósitos, experiências, concepções e sentidos. Com base em experiências concretas desenvolvidas com estudantes, Boero e seus colaboradores chegaram a propor também uma classificação para os diferentes tipos de ecos que se manifestaram entre os estudantes – eco mecânico, eco assimilatório e eco ressonante – caso a apropriação das vozes por parte dos estudantes ocorresse, respectivamente, através de uma mera paráfrase verbal, através de um processo de transferência do conteúdo veiculado pela voz a outras situações-problema ou, ainda, através de um modo personalizado de ressignificá-la com base em suas vivências e experiências pessoais (FURINGHETTI; RADFORD, 2002).

Isso posto, podemos afirmar que uma sessão de VEG deve ser antecedida por uma análise histórico-epistemológica do conteúdo matemático que se pretende trabalhar em sala de aula. O objetivo da realização de tal análise é investigar e explicitar as características particulares de tal conteúdo matemático teórico, bem como as suas condições histórico-culturais de emergência. Com base nessa análise, planejam-se e constroem-se sequências ou tarefas de ensino-aprendizagem, as quais devem estar ancoradas em uma seleção cuidadosa de fontes primárias comentadas. Tal planejamento deve visar, sobretudo, ao franqueamento do acesso aos estudantes às vozes do passado a fim de que elas possam produzir ecos entre eles (FURINGHETTI; RADFORD, 2002). Assim, para Boero e seus colaboradores, um Jogo de Vozes e de Ecos nada mais é do que *"uma situação educacional particular que tem por meta ativar os estudantes a produzirem ecos por intermédio de tarefas específicas: 'Como X interpretou o fato Y?' ou 'Através de que experiências Z sustentou a sua hipótese?' ou: 'Que analogias e diferenças você pode encontrar entre o que seu colega de classe disse e o que você leu a respeito de W?'"* (RADFORD; BOERO; VASCO. In: FAUVEL; MAANEN, 2000, p. 165).

Após a caracterização dessa perspectiva teórica, apresentamos a seguir o Quadro 5, que procura sintetizá-la à luz de nossas categorias de análise.

Quadro 5
Caracterização sumária da perspectiva dos jogos de vozes e ecos

FILIAÇÃO TEÓRICA: L. S. Vygotsky; Ludwig Wittgenstein e M. Bakhtin.

PESQUISADORES: Paulo Boero; Bettina Pedemonte; Elisabetta Robotti; Garuti, Rossella; Giampaolo Chiappini (Depto de Matemática – Universidade de Gênova – Itália).

NÚCLEO FIRME: (1) A produção do conhecimento matemático tanto na psico como na filogênese, é um PROCESSO DE NATUREZA SEMIÓTICA, incluindo signos verbais e não verbais; (2) A relação que subsiste entre a Matemática escolar e a Matemática adquirida fora da escola é da mesma natureza que a que subsiste entre conceitos científicos ou teóricos e conceitos práticos ou espontâneos; (3) A experiência humana não fala por si mesma: necessita de vozes originais a interpretem, produzidas em uma situação social e gradualmente legitimadas até se tornar modos compartilhados de se falar acerca da experiência humana; (4) O conhecimento comum constitui a gramática básica da cultura e da "certeza" em qualquer nível, mas ele se reduz a um conjunto incoerente de ferramentas pragmáticas se não for sistematizado por um discurso teórico.

HIPÓTESE AUXILIAR: A apropriação da cultura científica (e matemática) por parte do aluno deve ser um processo mediado por vozes da história da Matemática e das ciências, continuamente regeneradas em respostas a situações do presente e com as quais o aluno estabelece um diálogo imaginário através do espaço e do tempo, sendo o professor o mediador dessas vozes históricas.

DEFENDEM O ARGUMENTO RECAPITULACIONISTA? Não.

CONCEPÇÃO DOS OBJETOS MATEMÁTICOS: Construtos semióticos, isto é, construções multilinguísticas (sintáticas, semânticas, pragmáticas, discursivas, dialógicas) que participam de um discurso sistemático, especializado e internamente coerente, cujas características e legitimidade têm raízes na tradição cultural.

CONCEPÇÃO DE APRENDIZAGEM: Capacidade pessoal de "internalizar" (coapropriar-se, entender, usar e coproduzir, através da negociação interativa, de natureza sobretudo dialógica, as significações e as características do conhecimento matemático teórico herdadas da tradição cultural, internalização esta mediada por tarefas adequadas desenvolvidas no interior de jogos de vozes e ecos.

> **POR QUE RECORRER À HISTÓRIA NO ENSINO E/OU NA PESQUISA?**
> A fim de se estudar o funcionamento dos jogos de vozes e ecos, cujo objetivo pedagógico não é construir um conceito ou uma solução original para um problema nem validar uma produção do estudante, mas detectar contradições entre as vozes históricas e as dos estudantes a fim de propiciar a ampliação do horizonte cultural dos estudantes nele incorporando elementos difíceis de serem construídos através de uma abordagem tradicional ou construtivista da matemática em sala de aula, tais como: concepções que ferem o senso comum e a intuição; métodos que ultrapassam os limites da experiência cotidiana dos alunos; tipos especializados de organização do discurso científico e matemático, etc. A história é, portanto, vista como o instrumento ideal para se acessar aquelas características do conhecimento científico ou teórico que não se manifestam no conhecimento construído espontaneamente fora da escola.

Exemplo de pesquisa desenvolvida segundo a Perspectiva dos Jogos de Vozes e Ecos

A fim de tornar um pouco mais concreta a natureza do trabalho que vem sendo desenvolvido pelos integrantes da Perspectiva dos Jogos de Vozes e Ecos, vamos, a seguir, relatar resumidamente uma experiência de ensino e pesquisa realizada por alguns deles e apresentada na 23ª Conferência do Grupo Internacional de Psicologia da Educação Matemática (23ª PME) ocorrida em Haifa (Israel) no ano 1999 sob o título *Trazendo a voz de Platão para a sala de aula a fim de detectar e superar erros conceituais* (GARUTI; BOERO; CHIAPPINI, 1999).

Título da experiência de ensino-pesquisa: Trazendo a voz de Platão para a sala de aula a fim de detectar e superar erros conceituais.

Autores: Rossella Garuti, Paolo Boero e Giampaolo Chiappini.

Objeto da experiência de ensino: problematizar a bem conhecida passagem do diálogo Menon de Platão referente ao problema da duplicação da área de um quadrado dado através da construção de um quadrado adequado.

Objetivo da experiência de ensino: superar o erro previsível e frequente por parte dos alunos de se supor que para se construir o quadrado adequado, bastaria duplicar o lado do quadrado dado.

Objetivo da pesquisa: investigar a capacidade dos alunos de detectar erros conceituais no processo de aprendizagem de conhecimento matemático teórico e buscar formas de superá-los através de intervenção e explicação geral por parte do professor.

Hipótese subjacente à experiência de ensino-pesquisa: a Perspectiva dos Jogos de Vozes e Ecos constitui uma metodologia adequada tanto para os alunos construírem tal capacidade quanto para se investigar o processo de construção dessa capacidade.

Caracterização dos Participantes da experiência de ensino-pesquisa: 5 classes de 5ª série e classes de 7ª série, totalizando 114 estudantes. Essas classes localizavam-se em escolas diferentes e sob condições socioculturais extremamente diferenciadas. A diversidade de condições foi uma escolha consciente dos pesquisadores a fim de se verificar o desenvolvimento ou não de elementos invariantes no trabalho com a metodologia proposta. No que se refere à base conceitual matemática para se lidar com o problema proposto, todos os estudantes tinham tido contato, em meses precedentes, com o conceito de área de uma superfície plana e sabiam calcular a área de um quadrado.

Sequência da experiência de ensino-pesquisa: Num primeiro momento, os estudantes são informados acerca de todo o trabalho pedagógico a ser realizado com a passagem do diálogo de Platão. Como tal passagem sugere a resolução do problema do quadrado posto por Sócrates ao escravo Menon (problema que, no contexto da perspectiva dos jogos de vozes e ecos, é encarado como uma *voz do passado*), pede-se aos estudantes, a título de um contato preliminar com o *problema-voz*, que, individualmente, tentem solucioná-lo. Num segundo momento, com o auxílio do professor, os estudantes passam a ter um contato direto com o problema-voz: primeiramente através da leitura e tentativa de compreensão das três fases da passagem do diálogo selecionada; em seguida, através da leitura em voz alta e representação teatral da passagem selecionada do diálogo; finalmente, através de uma discussão do conteúdo e do objetivo de toda a passagem selecionada do diálogo, na tentativa de compreender a função de cada uma das três fases da passagem.[24] Após negociações

---

[24] As três fases do diálogo estabelecido entre o Sócrates platônico e o escravo Menon, que caracterizam, em seu conjunto, o que a literatura filosófica costuma denominar de método da dialética socrática, podem ser resumidas como se segue. Na primeira fase, geralmente denominada de ironia, busca-se trazer ao plano de consciência do interlocutor (no caso, o

com os estudantes, o professor coloca um pôster na parede, sumarizando as três fases. Num terceiro momento, o professor apresenta aos estudantes possíveis erros que poderiam tornar-se objeto de uma discussão semelhante àquela da passagem do diálogo e pede a eles que apresentem outros tipos de erros parecidos. O objetivo dessa apresentação é levantar e discutir com os estudantes as possíveis – e as efetivamente surgidas – repercussões problemáticas (tais repercussões são chamadas de *ecos* na perspectiva teórica que estamos aqui considerando), no presente, geradas no enfrentamento, por eles, de um problema-voz do passado. Num quarto momento, os estudantes discutem os erros levantados no momento anterior e, com a ajuda do professor, tentam explicar as razões desses erros e buscar soluções parciais satisfatórias para eles. O objetivo dessa discussão é criar a base comum de conhecimento matemático, necessária para a construção do eco, e preparar suas três fases. Num quinto momento, cada estudante tenta, individualmente, produzir um eco, isto é, um novo "diálogo socrático", sobre o erro por ele escolhido. Finalmente, num sexto momento, os estudantes comparam e discutem, com a ajuda do professor, algumas das produções individuais do momento anterior.

Questões orientadoras da análise dos protocolos dos estudantes: Três foram as questões orientadoras nas quais se basearam os pesquisadores para analisar os protocolos dos estudantes. Tais questões estão intimamente conectadas com os objetivos pedagógicos ampliados da experiência de ensino-pesquisa.

Como um desses objetivos era desenvolver a consciência do estudante sobre os papéis do professor e do aluno nas atividades referentes a erros conceituais, a primeira questão orientadora da análise foi esta: Como o estudante desempenha os papéis de Sócrates e do escravo em cada fase do diálogo?

O segundo objetivo pedagógico da experiência de ensino-pesquisa era promover a consciência acerca dos mecanismos de se detectar e superar erros conceituais, portanto a segunda questão orientadora

---

escravo) o erro por ele cometido. Na segunda fase, geralmente denominada maiêutica, tenta-se fazer com que o interlocutor acredite que a verdade procurada encontra-se adormecida no interior de si próprio. Finalmente, na terceira etapa, Sócrates procura guiar interativamente o escravo na direção da solução correta do problema considerado (MIGUEL, 1995, p. 35-36).

da análise foi: Como o estudante se apropria dos papéis das fases do diálogo nas quais se detecta e supera o erro?

O terceiro objetivo pedagógico da experiência de ensino-pesquisa era fazer com que o estudante se apropriasse e utilizasse adequadamente os conhecimentos matemáticos para o enfrentamento do problema, e a terceira questão foi formulada assim: Como o estudante se apropria do conhecimento matemático que lhe permite superar o erro conceitual? A escolha e apresentação de contraexemplos são adequadas?

Alguns resultados

1. Dos 102 estudantes que participaram da experiência de ensino-pesquisa do início ao fim, apenas 6 falharam completamente na produção de ecos ao problema-voz considerado.
2. Dos 96 restantes, 10 mostraram sérias dificuldades em desempenhar os papéis de Sócrates e do escravo na primeira fase da dialética socrática. Entretanto, aprofundamentos adequados, que incluíam o emprego de expressões originais para se ressaltar o erro do escravo e provocar o conflito, bem como a escolha de contraexemplos pertinentes estiveram presentes em quase todos os textos dos demais estudantes. A porcentagem de estudantes que conseguiram realizar tais aprofundamentos adequados não variou significativamente em relação ao fato de estarem frequentando a 5ª ou a 7ª série.
3. Como não foi solicitada aos estudantes a realização de diálogos referentes a cada uma das fases da dialética socrática e devido à natureza dos erros por eles escolhidos, não foi possível detectar a fase da dialética nos protocolos dos estudantes.
4. Pelo menos 67 dos 96 estudantes que chegaram a produzir ecos ao problema-voz considerado tiveram dificuldades em manter os papéis de Sócrates e de Menon na produção de ecos para a última fase da dialética socrática. Essas dificuldades se tornaram perceptíveis com base no fato de que, muitas vezes, a natureza da interação dialógica entre Sócrates e o escravo mudava qualitativamente. O Sócrates, questionador e sutil, que procura fazer o

escravo compreender, se transforma, repentinamente, num Sócrates apresentador de fórmulas e procedimentos, a fim de evitar o erro por parte do escravo. Por sua vez, o Menon, que participa ativamente do diálogo, se transforma em um receptor-ouvinte passivo, de modo que o diálogo, originalmente exploratório, se transforma em meramente assertivo e impositivo.

5. No que diz respeito ao objetivo pedagógico de construção, por parte dos estudantes da consciência sobre como detectar e superar erros conceituais, 86 deles conseguiram manter os papéis dos interlocutores na primeira fase da dialética socrática. Pelo menos 50 estudantes tentaram fornecer uma explicação geral do erro considerado ou encontrar uma regra na terceira fase da dialética socrática, demonstrando estar conscientes da necessidade de fazê-lo.

6. Em relação ao modo como os estudantes de apropriam do conhecimento matemático requerido no enfrentamento do problema considerado, três níveis distintos foram considerados: (1) a conscientização do fato de uma afirmação ser falsa; (2) a conscientização sobre as razões que provocam o erro; (3) a conscientização sobre as razões teóricas que explicam o fato de ser a afirmação falsa e do modo como se poderia superar o erro. O primeiro nível de conscientização foi atingido por todos os estudantes. Apenas metade deles alcança o segundo nível de conscientização. Já em relação ao terceiro nível, houve quase uma completa coincidência entre os estudantes que se mostraram capazes de atingi-lo e aqueles que se mostraram capazes de manter os papéis de Sócrates e de Menon na terceira fase da dialética socrática.

Considerações adicionais

Diferentemente do modo como procedemos para as três primeiras perspectivas teóricas discutidas, decidimos não apresentar aqui considerações críticas às duas últimas, não porque elas não possam ser questionadas quer localmente, com base em uma análise interna, quer local e globalmente, com base em pressupostos e pontos de vista constitutivos de outros referenciais teóricos. A ausência de crítica ocorre porque a Perspectiva Sociocultural e a Perspectiva dos Jogos de Vozes e Ecos são recentes, estão em processo de elaboração e não foram suficientemente divulgadas nem apropriadas por um círculo mais amplo de pesquisadores e professores.

Além disso, como as noções de cultura e de linguagem são centrais para tais perspectivas, uma crítica mais aprofundada a elas nos obrigaria a focalizar a complexa discussão contemporânea que se processa em torno dessas noções e das diferentes formas de se conceber as relações que poderiam ser estabelecidas entre práticas culturais, práticas discursivas, práticas dialógicas e práticas sociais, bem como dos diferentes modos de se estender essa discussão para o domínio não menos complexo das relações que poderiam ser estabelecidas entre a Educação Matemática e outros diferentes campos, hoje autônomos, das ciências humanas e das ciências da linguagem, tais como a História, a Antropologia, a Sociologia, a Linguística e a Psicologia Social.

Nesse campo de diálogo complexo, é claro que não poderíamos deixar de incluir também as diferentes perspectivas teóricas associadas ao movimento internacional multifacetado que vem se constituindo em torno da *etnomatemática*, desde a sua primeira elaboração pelo professor Ubiratan D'Ambrosio. Para uma melhor compreensão da constituição, dos propósitos e dos significados do enfoque antropológico à Matemática e à Educação Matemática e de sua relação com História da Matemática, remetemos o leitor para as referências D'Ambrosio (1990) e D'Ambrosio (2001).

Gostaríamos de assinalar, porém, que uma limitação que vemos em todas as perspectivas teóricas analisadas neste capítulo diz respeito ao fato de que nenhuma delas parece conseguir ir além do terreno restrito da História da Matemática propriamente dita para a realização de projetos quer no terreno da pesquisa em Educação Matemática, quer no plano da formação de professores, quer ainda no terreno mais específico da Educação Matemática escolar. Nesse sentido, nenhuma potencialidade pedagógica é vista na história da

Educação Matemática ou, mais amplamente, nos terrenos da História e da Filosofia em seus sentidos mais amplos.

Outra limitação que não poderíamos deixar de acusar aqui diz respeito ao fato de que – na análise que empreendem das relações entre história, epistemologia e Educação Matemática – nenhuma das perspectivas consideradas parece levar em consideração o papel fundamental desempenhado pelas relações de poder no âmbito da apropriação e da produção do conhecimento matemático em diferentes práticas sociais ao longo da história, bem como em práticas sociais que se constituem no interior da instituição escolar.

Capítulo III

História, cultura matemática e Educação Matemática na instituição escolar: reflexões e desafios

> *Só o passado, comum a nós e a ele,*
> *Será indício de que a nossa alma*
> *Persiste e como antiga ama, conta*
> *Histórias esquecidas...*
> (FERNANDO PESSOA, 2000, p. 83)

Introdução

Após a análise que realizamos dos diferentes modos como o discurso histórico tem se manifestado em produções brasileiras destinadas à Educação Matemática escolar, dos diferentes argumentos reforçadores ou questionadores referentes às possibilidades de participação da história no processo de ensino-aprendizagem da Matemática no interior da instituição escolar e de perspectivas teóricas relativas a essa participação constituídas na prática de investigação acadêmica, parece-nos que devemos encarar tais propostas com uma certa prudência.

Por um lado, entre as posições extremadas que tentam nos convencer de que a história tudo pode ou a história nada pode, parece-nos mais adequado assumir uma posição intermediária que acredita que a história – desde que devidamente constituída com fins explicitamente pedagógicos e organicamente articulada com as demais variáveis que intervêm no processo de ensino-aprendizagem escolar da Matemática – pode e deve se constituir ponto de referência tanto para a problematização pedagógica quanto para a transformação qualitativa da cultura escolar e da educação escolar e, mais particularmente, da cultura matemática que circula e da educação matemática que se promove e se realiza no interior da instituição escolar.

Por outro lado, como ficou evidenciado em nossos posicionamentos críticos em relação a algumas perspectivas e propostas de participação, seria necessário que evitássemos a reprodução pura e simples de propostas e práticas sem a necessária e devida reflexão e distanciamento crítico em relação a elas, quer procedam de autores de livros didáticos, de políticas públicas relativas à Educação Matemática, de pesquisadores em Educação Matemática e em História da Matemática, quer procedam de outras fontes. É claro que é indispensável conhecer, respeitar e debater tais propostas. Mas isso não dispensa a realização de um esforço pessoal e adicional do próprio professor no sentido de transformá-las ou mesmo de produzir novas propostas personalizadas tendo em vista a natureza, as condições e os propósitos singulares da instituição escolar em cada situação concreta.

Com o propósito de trazer alguma contribuição para a continuidade desse debate, vamos, ao longo deste capítulo final, explicitar algumas das convicções que se encontram na base de nosso posicionamento em relação à questão do necessário diálogo entre história e educação matemática em todos os níveis de educação institucionalizada. Optamos por tornar explícitos nossos pontos de vista realizando uma breve reflexão analítica acerca do trabalho que temos desenvolvido no âmbito da formação inicial de professores de Matemática, envolvendo a participação da História.

Tal participação tem ocorrido de forma intencional e sistemática, sobretudo nas disciplinas hoje denominadas *Fundamentos da Metodologia de Ensino da Matemática I e II* que fazem parte do currículo dos Cursos de Licenciatura Diurna e Noturna em Matemática da Universidade Estadual de Campinas.

Essas disciplinas nem sempre tiveram essa denominação e nem sempre foram trabalhadas com os propósitos e dinâmica que hoje as caracterizam. Antes de tal denominação, várias formas de se trabalhar com a história foram sendo nelas tentadas: estudo cronológico ou diacrônico do conhecimento matemático como um todo; estudo do conhecimento matemático como um todo, mas inserido em diferentes civilizações ou culturas (a Matemática egípcia, a Matemática babilônica, a Matemática grega, etc.); estudo de uma história temática da Matemática, isto é, de uma história das ideias matemáticas incluídas em grandes campos (História da Geometria, História da Álgebra, História da Trigonometria, etc.).

Embora os futuros professores respondessem positivamente a cada uma dessas diferentes tentativas de organização, não nos sentíamos satisfeitos, pois entendíamos que o entusiasmo e o envolvimento deles estavam muito mais associados aos novos conhecimentos obtidos através do estudo da própria história da matemática do que com a percepção da relevância pedagógica de um tal estudo para o exercício da profissão docente. Ou seja, entendíamos que estávamos conseguindo não só *despertar o interesse* de nossos alunos para as questões relacionadas aos conteúdos matemáticos desenvolvidos nos Ensinos Fundamental e Médio, mas também propiciar uma *compreensão mais significativa e aprofundada* desses conteúdos por eles – pontos de vista estes que, como vimos no capítulo 1, são defendidos por muitos autores da literatura que utilizam as categorias psicológicas da motivação ou da apropriação significativa do conhecimento para justificar a importância da participação da história no ensino de Matemática. Entretanto, entendíamos que a História poderia e deveria propiciar ao estudante – futuro professor – algo mais que do que apenas uma apropriação significativa e um despertar de interesse pelo conhecimento matemático propriamente dito.

Essa insatisfação nos levou à busca por uma nova forma de conceber a participação da História na formação do professor de Matemática. Essa nova forma se caracterizou, inicialmente, como uma tentativa de se proceder a uma conexão entre dois domínios que, à época, eram vistos como relativamente disjuntos, quais sejam, o da História da Matemática propriamente dita – campo há muito já considerado autônomo, estabelecido, com um volume expressivo de publicações e com um certo grau de reconhecimento institucional – e o da História da Educação Matemática – campo de investigação emergente e, à época, sem reconhecimento institucional e sem um volume de publicações organizadas e sistemáticas.

Aos poucos e apesar das dificuldades, essa tentativa de conexão daria origem ao que hoje denominamos *concepção orgânica da participação da história na produção do saber docente*, a qual, por sua vez, se sustenta em e se define por uma forma particular de concepção de problematização da Educação Matemática escolar, isto é, de concepção do modo como a cultura matemática e a educação matemática se constituem, se instituem e se transformam como práticas sociais escolares.

Essa problematização da cultura matemática e da educação matemática escolares caracteriza-se como: multidimensional, interativo-dialógica e investigativa.

Multidimensional, por incidir sobre várias dimensões constitutivas da cultura matemática e da educação matemática escolares, quais sejam: a dimensão propriamente matemática, a epistemológica, a lógica, a sociológica, a metodológica, a antropológica, a axiológica, a histórica, a política, a ética, a didática, a linguística, etc.

Tal problematização também é dita interativo-dialógica por promover a realização e a discussão de atividades que estimulam a interação e o diálogo entre os alunos; entre professores e alunos; e entre alunos, professores e as diferentes práticas sociais que poderiam ter participado da produção, apropriação e transformação históricas dos temas matemáticos sob estudo, dentre elas, a própria prática social escolar e a prática social – mais recente – de investigação em Educação Matemática.

Por sua vez, tal problematização se diz investigativa por promover a iniciação do futuro professor de Matemática nos diferentes campos de investigação da prática social de pesquisa em História da Matemática, campos estes que costumamos denominar: História da Matemática propriamente dita, História da Educação Matemática e História na Educação Matemática. Na prática, temos realizado esforços no sentido de que uma tal concepção de problematização cumpra, pelo menos, quatro papéis.

Em primeiro lugar, tentamos fazer com que ela assuma *um papel interdisciplinar*, uma vez que, do modo como é concebida, possibilita retirar a Matemática escolar de seu sempre questionado isolamento, imposto por uma já habitual abordagem estritamente técnico-conteudista e torná-la, juntamente com outras áreas do saber – instituído ou não sob a forma de "disciplinas escolares" – uma colaboradora a mais na obtenção das metas colocadas por um projeto educativo mais amplo que vise à formação crítica do cidadão.

Em segundo lugar, tentamos fazer com que ela cumpra também um *papel didático-metodológico*, uma vez que a problematização é também um método, isto é, um meio naturalmente crítico e caracteristicamente humano, ainda que não necessariamente o mais rápido, de apropriação e ressignificação do saber e, particularmente, dos saberes docentes relativos à cultura matemática e à educação matemática escolares. Em um outro aspecto, esse papel didático-metodológico da problematização permite ainda uma ampliação e uma flexibilização do mundo dos possíveis do futuro professor, através do apelo que faz à necessidade de avaliação crítica de suas concepções e da possibilidade de visualização de novas formas de interpretação de sua experiência cultural e de vida, abrindo-lhe novas perspectivas para uma futura inserção profissional crítica.

Em terceiro lugar, tentamos fazer com que a problematização cumpra um *papel psicológico motivacional*, uma vez que ela tende a propiciar um ambiente pedagógico que estimula o envolvimento e a participação ativa do estudante, permitindo-lhe desinibir seus poderes e recursos cognitivos e afetivos.

Em quarto lugar, tentamos fazer com que a problematização venha a cumprir ainda um *papel político-crítico*, uma vez que tende a estimular uma reflexão e um debate em torno dos papéis que a cultura matemática e a educação matemática escolares desempenham nas relações de poder associadas às configurações, em cada momento histórico, das correlações de forças em âmbito nacional e mundial.

A dimensão histórica da problematização multidimensional da cultura matemática e da educação matemática escolares ocupa, como seria de se esperar, um papel central no desenvolvimento das disciplinas que estamos aqui comentando. Coerentemente com o relevante papel que nela desempenha a noção de problematização, a história é concebida simultaneamente como história-problema pedagogicamente vetorizada e como memória.

A concepção de história pedagogicamente vetorizada

Não compartilhamos do ponto de vista que afirma a existência de uma única História da Matemática da qual se pudesse fazer uso e abuso e que devesse ser recortada e inserida homeopaticamente no ensino. Entendemos que histórias podem e devem constituir pontos de referência para a problematização pedagógica da cultura escolar e, mais particularmente, da cultura matemática e da educação matemática escolares, desde que sejam devidamente constituídas com fins explicitamente pedagógicos e organicamente articuladas com as demais variáveis que intervêm no processo de ensino-aprendizagem escolar da Matemática.

Daí, para que possam ser pedagogicamente convenientes e interessantes, pensamos ser necessário que histórias da cultura matemática passem, cada vez mais, a ser escritas sob o ponto de vista do educador matemático ou, em outras palavras, que *histórias pedagogicamente vetorizadas* passem a ser, cada vez mais, constituídas.

Antes de mais nada, pensamos que tal ponto de vista se justifica com base na constatação reiterada – posta em evidência por Rogers (1983, p. 401) – de que a cultura matemática que se apresenta nos currículos oficiais e nos manuais didáticos é predominantemente concebida como algo que teria produzido resultados, mas que não teria propriamente história, enquanto os currículos oficiais e os manuais da disciplina escolar "história" continuam a ignorar uma parte significativa de nossa cultura científica e matemática. Em outras palavras, a justificação do ponto de vista da necessidade de constituição de histórias pedagogicamente vetorizadas se sustenta diante da necessidade de se tentar romper com uma determinada forma de se conceber a relação entre a cultura matemática e a cultura histórica que se encontra colocada e estabelecida, no âmbito da instituição escolar, por uma tradição curricular persistentemente disciplinar e compartimentar.

Se levarmos ainda em consideração o fato de que a constituição histórica dessa própria tradição curricular de cunho disciplinar e compartimentar é, de certo modo, solidária a uma outra tradição, igualmente disciplinar e compartimentar, de se conceber e de se fazer história intelectual ou cultural – na qual pouco ou nenhum diálogo esclarecedor se estabelece entre as culturas matemática, pedagógica e a própria cultura histórica –, então, nem a História da Matemática escrita sob o ponto de vista do matemático profissional, nem as breves e episódicas referências à Matemática que aparecem nas obras dos historiadores de ofício conseguem realçar aqueles elementos e aspectos que poderiam, eventualmente, trazer uma real contribuição aos professores que têm a intenção de planejar as suas aulas de modo que a história venha a participar delas de um modo efetivo e orgânico.

Uma história pedagogicamente vetorizada não é nem uma história adocicada ou suavizada, nem uma história distorcida, nem uma adaptação ou *transposição* didática das "verdadeiras" histórias da Matemática para o âmbito da escola. Uma característica inicial de um tal tipo de história diz respeito ao fato de se pretender uma *história institucional da cultura matemática*. Como a escola é uma dentre outras instituições sociais constituídas para cumprir finalidades específicas dentro de um contexto social, quando falamos em história institucional da cultura matemática, estamos, antes de mais nada, usando a expressão *instituição social* de um modo bastante próximo àquele usado por (THOMPSON, 1995), isto é, como uma estrutura – não necessariamente corporificada em uma propriedade material de cunho público ou privado – definida, específica e relativamente estável de relações sociais estabelecidas e organizadas por regras e recursos financeiros, e socialmente constituída com a finalidade de realizar ações de interesse social ou coletivo.

Nesse sentido, uma história institucional da cultura matemática é uma história que deveria se constituir a partir de problemas e questões que emergem das e/ou se relacionam com as práticas sociais nas quais a cultura matemática se acha envolvida, no interior das diferentes instituições nas quais essa cultura circula, se constitui ou é apropriada. Pensamos histórias institucionais da cultura matemática e da educação matemática escolares, quando sólida e conscientemente produzidas poderiam abrir novas perspectivas para a construção de alternativas concretas para o exercício da prática pedagógica em matemática no interior de instituições escolares.

Tais histórias, a nosso ver, tentariam e tenderiam a privilegiar certos temas e não outros, determinados problemas e métodos e não outros. Tentariam e tenderiam a preocupar-se, não com a constituição histórica autônoma de ideias matemáticas autônomas, mas com a constituição condicionada, situada e orientada de ideias matemáticas e de problemas pedagógicos referidos à constituição e transformação dessas ideias no interior da instituição escolar em conexão com o modo como essas ideias e problemas circularam em diferentes práticas sociais levadas a cabo em outros contextos institucionais que não o escolar. Desse modo, novas perspectivas poderiam ser abertas no sentido de, cada vez mais, se tentar explicitar as complexas relações que a cultura matemática e a educação matemática escolares estabelecem com outras práticas sociais.

Inúmeros outros aspectos poderiam ser visados por essas *histórias da matemática pedagogicamente vetorizadas*, tais como aqueles assinalados por Winchester (1989) em relação à história da ciência em geral: os problemas conceptuais envolvidos na formação de um novo campo de pesquisa ou no avanço de um domínio antigo; as inúmeras dificuldades de interpretação, construção e abandono de teorias; os problemas éticos e estéticos que se apresentam nesses processos, etc.

No que se refere particularmente aos problemas de natureza ética, é desastroso que a Educação Matemática escolar e os cursos de formação de professores de Matemática tenham se isentado em relação à problematização deles, restringindo-se, cada vez mais, a uma abordagem estritamente técnica e aparentemente neutra da cultura matemática. Uma História da Matemática pedagogicamente vetorizada poderia prestar grande auxílio aos professores intencionados em se contrapor a uma tal tendência tecnicista e aparentemente neutra do ensino.

O resgate dos aspectos estéticos de que se revestem algumas demonstrações e métodos de ataque a problemas também poderia subsidiar uma educação matemática escolar de tendência não tecnicista, possibilitando o desenvolvimento de atividades vinculadas ao domínio afetivo que estimulassem a imaginação e a criatividade. Nesse sentido, é útil considerar aqui a comparação estabelecida por Swetz entre o trabalho educativo que poderia ser realizado através da exploração dos objetos de arte de um museu e a apreciação por parte dos estudantes das soluções apresentadas por nossos antepassados no enfrentamento de determinados problemas matemáticos. Ele afirma que, assim como uma apreciação e análise detalhadas de certas obras de arte poderiam fazer com que o estudante adquirisse uma melhor compreensão tanto cognitiva quanto afetiva do tempo e do contexto em que os seus criadores viveram, o trabalho pedagógico poderia ser realizado com certos problemas matemáticos da história, quando concebidos como obras de arte intelectuais que testemunham uma forma de expressão do gênio humano (SWETZ, 1989, p. 376).

Assim, histórias da *matemática pedagogicamente vetorizadas* deveriam ser mais do que meramente histórias das ideias matemáticas propriamente ditas, esforçando-se por ser também histórias das diferentes culturas matemáticas que se constituíram em diferentes práticas sociais – e dentre elas, sobretudo, a prática social escolar.

História pedagogicamente vetorizada e história-problema

Uma outra característica de histórias da matemática pedagogicamente vetorizadas é a concepção de *história-problema* a elas subjacente. E quando falamos em história-problema, estamos querendo significar uma história que se opõe a um outro tipo de história de caráter estritamente factual, à qual os historiadores geralmente se referem como *história-crônica* ou *história-narrativa*.

É claro que denunciar os limites de histórias factuais, como tão bem o fizeram Fèbvre e Bloch, não significa negar abusivamente, como diria Lardreau, que "os acontecimentos façam parte de maneira determinante do trabalho do historiador". Porém, reduzir a intencionalidade específica da ciência histórica ao mero desejo de saber o que se passou, como o faz grande parte das histórias da matemática disponíveis (ou pelo menos aquelas às quais os professores têm acesso), é, como afirma Aron, "*assimilar o historiador ao cronista*" e encarar o conhecimento histórico como "*uma simples acumulação de fatos*". Uma história-problema, portanto, contrapõe-se àquelas formas mais difundidas de utilização da história nas aulas de Matemática que nada mais fazem do que realizar uma sobreposição de abordagens, isto é, acrescentar à abordagem lógica (antepondo ou diluindo ao longo de seu desenvolvimento), tal qual usualmente se apresenta um tema ao estudante, algumas informações históricas de natureza estritamente factual, encaradas como meros acessórios ou ornamentos. Esse procedimento, além de sobrecarregar com novas informações factuais um currículo já bastante sobrecarregado de informações, viria apenas reforçar aos olhos dos estudantes a superfluidade do elemento histórico, uma vez que ele aparece como mera curiosidade que não participa de forma efetiva do processo de construção interna do tema. Além disso, esse procedimento acabaria por reforçar, ainda mais radicalmente, a indesejável oposição entre o lógico e o histórico (MIGUEL, 1996, p. 46).

Uma história-problema é, portanto, uma história que põe problemas, isto é, que parte de problemas que se manifestam em práticas pedagógicas e investigativas do presente e que preocupam, de certa forma, o professor de Matemática e/ou o pesquisador em Educação Matemática do presente; é, portanto, uma história que se faz pensando tanto nos estudantes quanto nos futuros professores de Matemática desses estudantes, e não necessariamente nos historiadores ou nos matemáticos de ofício.

Mas é importante ressaltar aqui a concepção da relação passado-presente que, pensamos, deveria orientar a constituição de histórias dessa natureza. Tal concepção não deveria pautar-se em quaisquer das variantes do princípio recapitulacionista a que nos referimos anteriormente. Mesmo porque, as Histórias da Matemática, da Educação Matemática ou, simplesmente, as histórias já constituídas ou que virão a ser constituídas não nos ensinam a agir no presente, a tomar decisões no presente, nem a minimizar as dificuldades pedagógicas ou de outra natureza que venhamos a ter.

Desse modo, uma outra característica de histórias pedagogicamente vetorizadas é a de não conceber a historiografia em geral, e aquela relativa à Matemática e à Educação Matemática em particular, como repertórios moralizadores que tivessem o poder de resolver os nossos conflitos éticos, políticos, pedagógicos ou de outra natureza que se manifestam ou venham a se manifestar em nossa prática pedagógica no presente. Devemos ou não agir de tal ou qual maneira? Respostas a esse tipo de questões serão sempre dadas no presente, em função de todos os tipos de condicionamentos específicos e singulares das instituições do presente nas quais atuamos como profissionais. Assim sendo, a historiografia é vista como uma fonte de diálogo e não como uma fonte de respostas ou fórmulas a ser repetidas no presente. Ao dialogarmos com a historiografia – e é isso que, no fundo, todo historiador acaba fazendo –, acabamos por constituir uma nova história, não apenas porque fazemos perguntas novas ao passado, mas também, e sobretudo, porque incorporamos novas fontes, novas vozes a esse diálogo; percebemos novas possibilidades de estabelecimento de relações entre discursos aparentemente desconexos e incomensuráveis; porque impomos ao passado novos deslocamentos, novos focos de descontinuidade e novos elos de continuidade, etc. Então, poderíamos nos perguntar: para que serve uma história pedagogicamente vetorizada se ela não nos fornece respostas? Na verdade, as respostas serão sempre múltiplas e pessoais; uma história pedagogicamente vetorizada pode, no máximo, fornecer-nos pistas, elementos, possibilidades, mas as escolhas, as tomadas de decisão serão sempre nossas, no presente. Pensamos ser essa uma atitude fundamental diante da historiografia que deveria constituir o nosso ponto de partida. Colocar questões e problemas, sim! Constituir uma nova história, sim! Usar a história não, porque ela não é um objeto de uso, e sim um campo de diálogo!

Mais concretamente, uma história dessa natureza deveria preocupar-se em constituir o seu objeto de investigação de modo a nos possibilitar o estabelecimento de um esclarecedor diálogo pedagógico em torno dos problemas a partir dos quais decidimos interrogar o passado. Para isso, é de fundamental importância que a investigação do problema em estudo venha a constituir uma história que:

1. seja uma história contada a partir das diferentes práticas sociais, que participaram da constituição e transformação, no tempo, do problema sob investigação, uma vez que ideias ou problemas pedagógicos ou matemáticos não existem antes ou fora de práticas sociais, mas são produzidos no interior delas e no campo de interação e diálogo que se estabelece entre elas;

2. seja mais do que uma história estritamente técnica desse problema;

3. seja mais do que uma história das diferentes formas de conceber esse problema por parte de diferentes grupos sociais integrantes de diferentes práticas sociais ao longo do tempo;
4. seja mais do que uma história das necessidades que se configuraram no exercício de diferentes práticas sociais de diferentes épocas e contextos culturais (necessidades advindas das práticas sociais da agrimensura, da topografia, da geodésia, da arquitetura, da astronomia, da navegação, das finanças, da tributação, da construção de tábuas e instrumentos de precisão, etc.), que teriam motivado a constituição e transformação do problema sob investigação;
5. seja também uma história não apenas dos diferentes grupos sociais que consideraram ou valorizaram esse problema – que chegaram efetivamente a se envolver com ele –, mas também das razões que teriam estado na base desses envolvimentos;
6. seja também, e sobretudo, uma história das apropriações, ressignificações, repercussões e transmissões do tema ou problema em estudo no exercício de diferentes práticas sociais de diferentes épocas e contextos culturais, notadamente no exercício da prática social escolar;
7. seja também uma história dos instrumentos de dominação, resistência e libertação produzidos no exercício dessas diferentes práticas sociais, que acabaram sendo produzidos e acionados no processo de constituição, apropriação, ressignificação e transmissão do problema sob investigação. Em outras palavras, uma história que nos mostre o modo como o problema sob investigação se instituiu e se constituiu em campos de relação de poder, instituindo-se e constituindo-se, portanto, como um instrumento de poder.

Pensamos que só uma história dessa natureza poderia constituir campo fértil de diálogo para a problematização pedagógica no presente do problema considerado. Só uma história dessa natureza poderia se prestar como campo de diálogo para o encaminhamento de respostas personalizadas às questões que constituíram o ponto de partida para a realização dessa história.

História-problema pedagogicamente vetorizada, poder e práticas sociais

É importante ressaltar aqui que as noções fundamentais presentes nesse conjunto de recomendações relativas à constituição de uma história pedagogicamente vetorizada são as de *poder* e *prática social*. Longe de ser noções cartesianamente claras e distintas, elas podem ser intuitivamente ou mesmo sistematicamente empregadas com diferentes significados. Elas foram bastante utilizadas por Foucault, mas, talvez, com significados diferentes daqueles que estamos aqui lhes atribuindo.

Pensamos que podemos questionar a reiterada afirmação de que a concepção foucaultiana de poder seria radicalmente distinta de uma concepção topológica de poder. Acreditamos também ser ela uma concepção de poder que se distinguiria das demais concepções topológicas não pelo fato de negar a existência de *topos* no interior dos quais as relações de poder se constituiriam e se exerceriam, mas pelo fato de tais *topos* não ser fixos, isto é, bem definidos e localizáveis, nem determináveis *a priori*, isto é, determináveis sem uma análise interna e interativa de práticas sociais específicas, em momentos históricos determinados. De fato, quando examinamos mais detidamente a passagem do *A história da sexualidade* na qual Foucault se refere ao poder num tom próximo ao de uma definição, poderíamos dizer, sem grande risco de erros de interpretação, que as relações de poder, no interior de uma prática social, em um determinado período de tempo (estamos dizendo *relações de poder*, e não *o poder*, já que, para Foucault, não existe *o* poder fixamente e inteiramente centrado em um lugar ou pessoa, e daí, o estatuto ontológico da noção sociológica de poder é o de uma relação) é, para Foucault, um conjunto de conjuntos. Mais precisamente, um conjunto que contém quatro outros: (1) o conjunto de correlações de forças entre pessoas e/ou grupos sociais, que os ordena assimetricamente segundo o critério de dominação ou subordinação; (2) o conjunto de transformações dessas correlações de forças no período de tempo considerado; (3) o conjunto de todos os modos de organização, por aproximação ou afastamento, que tais correlações de forças assumem nesse jogo sutil de transformações dessas correlações de força; (4) o conjunto de estratégias constitutivas de tais correlações de forças. Como se percebe, a noção de correlação de forças é um elemento integrante dos quatro conjuntos que compõem a noção de distribuição de poder. Não podemos, entretanto, nos esquecer de que tais correlações de forças se constituem, se exercem sobre e se configuram em domínios ou espaços ou institucionais e/ou interpessoais entendidos como espaços de relações humanas. E o que seriam tais domínios ou espaços senão *topos*, isto é, práticas sociais geograficamente situadas e temporalmente determinadas? As relações de poder ou, em outras palavras, as correlações de forças não se constituem, se exercem ou se configuram em um *não topos*, isto é, em um vazio espacial que não possa ser delimitado por fronteiras geográficas e temporais bem definidas, ainda que não fixas, e ainda que não seja o aspecto propriamente geográfico da fronteira o fator condicionador principal da constituição e transformação dessas relações. Um topos, embora geograficamente delimitado, é, antes de mais nada, uma prática social específica. Embora muitas vezes o próprio Foucault se refira ao poder como uma prática social, pensamos que, na verdade, o que ele estaria querendo dizer com isso é que as relações de poder se constituem, se exercem e se configuram no exercício de práticas sociais, ao mesmo tempo que são constituídas e configuradas por essas práticas. Infelizmente, embora utilize com frequência a expressão *práticas sociais*, Foucault não se preocupou em deixar mais claro o uso que ele próprio faz dessa expressão.

Por *práticas sociais* estamos aqui entendendo um conjunto de atividades ou ações físico-afetivo-intelectuais que se caracterizam por ser: (1) conscientemente orientadas por certas finalidades; (2) espácio-temporalmente configuradas; (3) realizadas sobre o mundo natural e/ou cultural por grupos sociais cujos membros estabelecem entre si relações interpessoais que se caracterizam por serem relações institucionais de trabalho organizado; (4) produtoras de conhecimentos, saberes, tecnologias, discursos, artefatos culturais ou, em uma palavra, de um conjunto de *formas simbólicas*[25] (MIGUEL, 2003, p. 27-28). Em relação a essa noção, é importante ressaltarmos ainda que:

- certas práticas sociais podem ser mais ou menos valorizadas em determinados momentos e contextos do que em outros; nem todas as práticas sociais realizadas num certo contexto e momento são igualmente valorizadas;
- não existem práticas sociais completamente desvalorizadas; para que uma prática social tenha existência social ela precisa ser valorizada, ainda que por um único grupo social;
- nem sempre os grupos sociais que valorizam ou promovem uma prática social são os que efetivamente a realizam ou dela participam;
- práticas sociais podem ser efetivamente realizadas ou promovidas por segmentos que as desvalorizam;
- práticas sociais não legitimadas ou mesmo socialmente reprimidas por determinados grupos sociais não são práticas desvalorizadas;
- todas as práticas sociais produzem conhecimentos e/ou ressignificam saberes e conhecimentos apropriados de outras práticas que lhe são contemporâneas ou não, que participam do mesmo contexto ou não.

Acreditamos que um tal modo de se conceber uma prática social permite dar uma interpretação satisfatória não apenas à afirmação foucaultiana de que o poder **é** uma prática social, como também à passagem do *Microfísica do poder* na qual Foucault afirma que "*uma teoria não expressará, não traduzirá, não aplicará uma prática; ela é uma prática*" (FOUCAULT, 2000, p. 71). Propomos que entendamos por isso que as teorias ou discursos ou, ampliando

---

[25] John B. Thompson, professor e pesquisador da Universidade de Cambridge (Inglaterra), utiliza a expressão formas simbólicas para se referir a "uma ampla variedade de fenômenos significativos, desde ações, gestos e rituais até manifestações verbais, textos, programas de televisão e obras de arte". Em sua obra Ideologia e Cultura Moderna, distingue cinco características das formas simbólicas, quais sejam, os seus aspectos intencionais, convencionais, estruturais, referenciais e contextuais (THOMPSON, 1995, p. 182-193).

ainda mais, que as *formas simbólicas* constituem práticas sociais ao mesmo tempo que as constituem. Que outro senão esse sentido poderia ser atribuído a essa genial afirmação de Foucault de que a *teoria é uma prática*? Se algo é, ao mesmo tempo, constituído em e constituinte de uma prática social, então, esse algo se identifica com a própria prática social que o constitui e que a constitui. Trata-se de uma forma genial e totalmente nova de se conceber a relação teoria/prática. Não existe mais uma teoria *versus* uma prática, uma teoria em confronto ou em conformidade com uma prática, uma vez que a nova relação que se estabelece entre elas é uma relação de identidade.

Extrapolando a reflexão propriamente foucaultiana relativa à noção de relações de poder, pensamos que uma tal noção deveria ser ampliada para além do domínio das relações humanas intersubjetivas e/ou institucionais propriamente ditas, para além do espaço e tempo determinados em que se procura estabelecer a análise dessas relações no interior de uma prática social específica.

Isso porque, em primeiro lugar, há relações de poder que se estabelecem no âmbito das relações entre os homens e a natureza em duplo sentido, dado que se, por um lado, o homem, dentro de certos limites, tenta fazer a natureza subordinar-se a seus propósitos, por outro lado, há uma reação a esses propósitos por parte da natureza, reação que expressa o poder que emana das formas de organização e funcionamento dos fenômenos naturais. Tal poder natural – entendido como poder da natureza – não se expressa apenas sob a forma de reação, mas também sob a forma de ação não intencionada, organizada ou casual, sobre o mundo humano.

Há também um outro tipo de relações de poder que emana das próprias formas simbólicas, isto é, dos próprios bens culturais produzidos pelos homens, neles incluídos deuses e outras entidades sobrenaturais. Mas dizer que há um poder que emana das formas simbólicas, é dizer, por extensão, que há também um poder que emana dos mortos sobre os vivos, isto é, um poder que se exerce na ausência, ou seja, um *poder simbólico*. Tal poder simbólico foi genialmente percebido e expresso por Marx na passagem já anteriormente citada de seu *O 18 brumário de Luis Bonaparte*, na qual ele afirma que "os homens fazem sua própria história, mas não como querem; não a fazem sob circunstâncias de sua escolha e sim sob aquelas com que se defrontam diretamente, legadas e transmitidas pelo passado. *A tradição de todas as gerações mortas oprime como um pesadelo o cérebro dos vivos*" (MARX, 1978, p. 329, grifos nossos).

Mas além de relações de poder que permeiam as relações dos homens com a natureza e com as formas simbólicas que ele próprio produziu, as relações de poder permeiam as relações que o indivíduo estabelece consigo próprio ou, em outras palavras, as relações de poder que o corpo exerce sobre o próprio corpo. Nesse último sentido, o indivíduo aparece como senhor e servo de si próprio. Nossos corpos nos dominam tanto quanto nós os dominamos.

Finalmente, todos os corpos se subjugam à morte, a qual não pode ser vista como um poder simbólico, uma vez que ela não é uma forma simbólica, isto é, uma construção propriamente humana, visto que não poderia ser encarada como uma mera construção humana do sobrenatural. Ainda que pudesse ser encarada como um poder que emana da natureza sobre o mundo humano ou não humano, tal poder nos aparece bem mais como um poder indutivo, isto é, como um poder que advém da força de um argumento indutivo, uma vez que a morte nos aparece como uma forma de poder contra o qual lutamos sabendo de antemão que jamais sairemos vencedores. De onde advém essa certeza? Da força e poder de um argumento indutivo.

Comunidades de memórias e práticas sociais

Por sua vez, quando falamos em história como memória, estamos nos referindo a esta última noção como um construto social heterogêneo – e não como *representação coletiva* ou como *mentalidade*.

As noções de *representação coletiva* e de *mentalidade* foram criadas, respectivamente, pelo sociólogo Émile Durkheim e pelo historiador francês Lucien Fèbvre. O construto *representação* tem sido bastante estudado no âmbito da Psicologia Social do presente, uma vez que diz respeito à *capacidade humana de organizar e comunicar o seu saber com uso de sistemas simbólicos* (ABREU, 1995, p. 33). Entretanto, em seus usos na atualidade, o termo *representação* é geralmente adjetivado com o qualificativo *social*, e não com o qualificativo *coletiva* que lhe associava Durkheim.

Essa mudança na forma de adjetivação traz subjacente uma mudança significativa no modo de se conceber o construto *representação*. Isso porque se, por um lado, uma *representação coletiva* era vista por Durkheim como um sistema de ideias, crenças e valores estáticos, homogêneos e compartilhados por toda a sociedade, por outro lado, uma representação dessa natureza, sobretudo no interior da *teoria das representações sociais*, da forma como foi proposta por Moscovici, é denominada *representação hegemônica* e é entendida como um dentre outros tipos possíveis de representações sociais em circulação, em um determinado momento, entre os membros de um grupo social determinado. Em outras palavras, sob um enfoque durkheimiano, a memória coletiva é vista como participando da ideia de *tradição*.

Em certo sentido, o programa de investigação de uma *história das mentalidades*, tal como o concebeu e o ilustrou Fèbvre através de seus estudos biográficos – *Lutero* (1928); *Rabelais* (1942); *Margarida de Navarra* (1944) –, apropria-se dessa concepção durkheimiana de representação coletiva a fim de constituir e defender um certo modo de fazer história, segundo o qual o historiador não escolheria como objeto de investigação nem as ideias em si mesmas, vistas como obra de indivíduos produtores isolados, nem os fundamentos socioeconômicos das sociedades, vistos como infraestrutura determinante dos sistemas de ideias. Nesse sentido, em um tal programa de investigação histórica, o foco alternativo de pesquisa não estaria centrado nem em um indivíduo supostamente autônomo para produzir ideias, nem em um indivíduo economicamente determinado para produzir ideias, mas sim na *mentalidade de um indivíduo*, concebida como aquilo que ele teria de comum com outros homens do seu tempo (Cf. CHARTIER, 1990, p. 40-41).

Após esse esclarecimento, ressaltamos o fato de que, alternativamente a essa forma de se conceber a memória como representação coletiva ou mentalidade, temos buscado concebê-la, no trabalho formativo que realizamos, como *comunidades de memória* promotoras de e envolvidas com diferentes práticas sociais. A noção de *comunidades de memória* foi sugerida pelo historiador Peter Burke, o qual, por sua vez, cunhou-a inspirando-se na noção de *comunidades interpretativas* que havia sido anteriormente criada pelo crítico literário Stanley Fish para analisar os conflitos gerados pelas possíveis interpretações alternativas de textos literários.

Segundo Fish, as operações e estratégias mentais que realizamos em um ato interpretativo seriam condicionadas *pelas instituições dentro das quais já estamos inseridos*, estando, desse modo, ancoradas em sistema público de inteligibilidade:

> [...] pois o que nós temos não são leitores livres e autônomos em uma relação de adequação ou inadequação perceptiva para com um texto igualmente autônomo. Ao contrário, o que temos são leitores cujas consciências são constituídas por uma série de noções convencionais que, quando colocadas em funcionamento, irão constituir, por sua vez, um objeto convencional, visto de forma convencional. (FISH, 1993, p. 162)

Por sua vez, a noção de *comunidades de memória* fica assim caracterizada nas palavras de Burke:

> Em vista da multiplicidade de identidades sociais e da coexistência de memórias concorrentes e alternativas (memórias de famílias, locais, nacionais, etc.), é proveitoso pensar em termos pluralistas sobre os usos das memórias por diferentes grupos sociais, que talvez também tenham diferentes visões do que é importante ou digno de memória. [...] é importante fazer a pergunta: quem quer que quem lembre o quê e por quê? de quem é a versão registrada ou preservada? (BURKE, 2000, p. 84)

Porém, quando utilizamos a expressão *comunidades de memória*, o fazemos de um modo ligeiramente diferente daquele pensado por Burke, uma vez que as comunidades que temos em mente quando trabalhamos no terreno da história das culturas matemática e educacional são menos definidas por relações de parentesco, fronteiras geográficas, características étnicas, etc., do que por relações institucionalizadas de trabalho socialmente organizado com vistas à produção da subsistência material e espiritual dos diferentes grupos sociais que se movimentam em espaços geográficos diversos. Por essa razão, quando falamos em *comunidades de memórias*, estamos nos referindo, sobretudo, a *comunidades de memória* associadas a grupos sociais envolvidos e/ou promotores de diferentes *práticas sociais multiculturais*.

Em nossa disciplina *Fundamentos da Metodologia de Ensino da Matemática II*, após a divisão dos alunos em grupos temáticos[26] de pesquisa que permanecerão constantes durante o desenvolvimento de todo o semestre, a primeira atividade desenvolvida relaciona-se à *memória individual ou subjetiva*.

Nessa atividade, propomos que cada aluno, futuro professor, realize, por escrito, para depois compartilhar com toda a classe, a sua memória individual do tema escolhido.

Ao colocar em primeiro plano o sujeito que já se apropriou, a seu modo, do conhecimento que está investigando e que, futuramente, deverá fazê-lo, também a seu modo, circular novamente no contexto escolar, essa primeira etapa do trabalho está baseada no pressuposto de que toda a ação pedagógica junto a esse sujeito deve ter como ponto de partida a problematização, não de um conhecimento matemático escolar abstrato, mas do conhecimento matemático escolar do modo como ele sobreviveu à memória dos futuros professores e do modo como ele se encontra formatado em suas mentes.

Tal conhecimento individualmente rememorado e revivido tem uma história, e a duração dessa história é, em nosso modo de entender, maior do que o tempo vivido pelo sujeito no interior do contexto escolar. Assim, nesse primeiro momento, a problematização opera no nível da história individual e, mais particularmente, no nível da história escolar individual dos futuros professores.

Percebe-se, desse modo, que, nesta primeira etapa de nossa ação pedagógica, a problematização multidimensional se revela como problematização psicológica, uma vez que opera sobre um conhecimento matemático subjetivado. É importante ressaltar também que, nesse momento, a história é concebida como *memória individual ou subjetiva*, e as funções pedagógicas que desempenha são as de: (1) servir de base para a constituição da memória social

---

[26] Os temas de pesquisa que temos sugerido são: A Trigonometria na cultura escolar brasileira; Os logaritmos na cultura escolar brasileira; A Geometria na cultura escolar brasileira; As funções na cultura escolar brasileira.

do grupo de estudantes que compõem a classe; (2) servir de base inicial para a realização da pesquisa.

Durante o processo de compartilhamento oral das memórias individuais constitui, com base na problematização coletiva dirigida pelo professor, uma *primeira forma de história da matemática e da educação matemática escolares*, qual seja, aquela que sobreviveu à memória daquele grupo particular de estudantes. Essa primeira forma de Matemática e de Educação Matemática escolares é sempre um conhecimento subjetivo, uma vez que é, sempre e simultaneamente, um conhecimento afetivo e singularmente constituído, apropriado, revivido, revisitado, racionalizado, julgado, etc.; mas é também, e em certo sentido, um conhecimento objetivo, uma vez que foi constituído com base em uma cultura escolar já produzida e efetivamente posta em circulação no interior da instituição escolar. Essa primeira forma de Matemática e de Educação Matemática escolares não constitui, portanto, uma construção imaginária e arbitrária do sujeito com base, exclusivamente, em seus próprios recursos cognitivos.

Como se percebe, o foco sobre o qual incide, desde o início, a problematização multidimensional é a *história da matemática e da educação matemática escolares brasileiras* do modo como foi efetivamente vivenciada por aquele grupo particular de estudantes. Isso põe em evidência uma primeira característica de nossa concepção orgânica de participação da história na formação inicial do professor de Matemática: o fato de se visar, centralmente, não a apropriação por parte do estudante de uma história (da Matemática, da educação ou da Educação Matemática) já elaborada e contada, mas, sim, a constituição de uma história personalizada e contada a partir das vivências e recursos cognitivos e interpretativos daquele grupo particular de estudantes.

O passo seguinte de nosso trabalho consiste no levantamento, por parte dos estudantes, de questões orientadoras de suas investigações sobre a Matemática escolar, referentes exclusivamente aos quatro temas sob investigação por parte dos diferentes grupos. Sem questões, sem problemas, não há investigação propriamente dita. E como tais questões e problemas devem emergir dos próprios estudantes, com base em uma avaliação individual simultaneamente prospectiva – porque feita em função das reivindicações de uma ação pedagógica, ainda não vivenciada, a ser realizada no futuro – e retrospectiva – porque feita com base nos condicionamentos, perspectivas e limitações da memória de uma situação análoga vivida no passado, na qual se desempenhava, porém, um papel diferente (o de aluno) daquele a ser desempenhado no futuro (o de professor) –, a problematização mutidimensional opera, nesta fase, sobre a memória social do grupo particular de estudantes, agora revelando, porém, a concepção de história-problema pedagogicamente vetorizada que subjaz à nossa concepção orgânica de historicidade. Isso porque, reafirmando uma vez mais, a história da Matemática escolar em processo de constituição não é uma história já escrita e contada sob o ponto de vista do historiador ou matemático de ofício, mas uma história vetorizada segundo a direção e o sentido que lhe deverá imprimir as questões orientadoras da investigação levantadas com base nos interesses, expectativas e problemas levantados pelos futuros professores que integram aquele grupo particular.

Já nessa fase de levantamento das questões orientadoras da investigação, e cada vez com mais intensidade a partir dela, a problematização mutidimensional passa a operar também, e simultaneamente, sobre as histórias oficiais da Matemática e da educação e, particularmente, sobre as histórias da Matemática e da educação matemática escolares brasileiras. Nesse sentido, a problematização excede o domínio psicológico a que se achava inicialmente restrita, passando a estabelecer um diálogo inicial com a historiografia oficial desses campos do saber e a assumir, cada vez mais, o seu caráter propriamente multidimensional, isto é, o de uma problematização simultaneamente epistemológica, lógica, sociológica, axiológica, política, ética, semântica, etc.

Temos constatado que, a partir desse momento, a problematização acaba atuando e contribuindo significativamente para a desestabilização e, em certo sentido, para a modificação das representações que aquele grupo particular de futuros professores têm da matemática da educação e da matemática escolares, fazendo com que eles tenham a oportunidade de repensar, reavaliar e redimensionar a visão estática e unilateral que trazem consigo acerca da natureza dessas áreas do saber, dos seus objetos, de seus objetivos sociais, dos seus métodos de produção e validação de conhecimentos, de suas potencialidade e de seus limites. Assim, a problematização multidimensional acaba se mostrando, a partir desse momento, sobretudo como problematização político-filosófica.

Esse caráter político-filosófico da problematização se intensifica nos dois momentos seguintes do processo de investigação, nos quais os estudantes, com base em documentos e textos pertinentes, são solicitados a realizar, respectivamente, a análise dos programas e propostas oficiais para o ensino de Matemática que vigoraram em nosso país no período que vai de 1850 até os dias atuais e a análise de livros didáticos destinados ao ensino de Matemática em nosso país que circularam pelo contexto escolar nesse mesmo período.

Com base nessas investigações analíticas, os futuros professores passam a perceber que a matemática e a educação matemática escolares passaram, em nosso país, por mudanças qualitativas consideráveis que acabaram por excluir tópicos matemáticos tradicionais, incluir novos tópicos considerados relevantes, alterar objetivos, métodos, formas tradicionais de abordagens de conceitos e campos da Matemática escolar, bem como a forma de ordenar tópicos, concepções de pré-requisitos, etc.

Geralmente esse trabalho de investigação realizado pelos futuros professores em programas e livros é feito, mas não necessariamente, com base em roteiros que lhes são por nós sugeridos.

Tais análises permitem reconsiderar a primeira forma sob a qual aparecem a Matemática e a Educação Matemática escolares, que haviam sido anteriormente constituídas, e fazê-las dialogar com novas *formas de manifestação da Matemática e da Educação Matemática escolares*, quais sejam, aquelas vistas sob a óptica dos elaboradores de programas e propostas oficiais e sob a dos autores de livros didáticos de várias épocas. Esse diálogo abre, portanto, aos futuros professores, a possibilidade de estabelecimento de um confronto de pontos de vista de diferentes comunidades de memórias ligadas a práticas sociais diversas: as memórias dos estudantes sobre a Matemática escolar, as memórias de autores de livros didáticos destinados a circular no interior do espaço escolar e as memórias oficiais de pessoas e grupos ligados a órgãos oficiais definidores de políticas públicas relativas à educação matemática escolar em nosso país. Algumas das questões orientadoras das investigações conduzidas pelos grupos de estudantes tornam-se passíveis de ser consideradas à luz da problematização desse diálogo, a qual se realiza com a participação ativa do professor e com o auxílio de leituras de textos que focalizam o conhecimento em jogo nesse diálogo.

No momento seguinte do processo de pesquisa, os alunos se empenham em discutir em seus respectivos grupos de trabalho um conjunto de atividades por nós elaboradas, escritas sob a forma de problemas, e que procuram enfocar os temas sob investigação à luz da historiografia disponível da matemática.

A leitura e a discussão dessa literatura histórica são sempre orientadas pela busca de respostas às questões sob investigação e pela busca de solução às atividades por nós elaboradas.

A organização da lista de atividades realizadas pelos estudantes se pauta em dois critérios: (1) na exploração de problemas e situações que procuram sugerir que os temas matemáticos sob investigação se constituíram no interior de diferentes práticas sociais instituídas em diferentes espaços culturais de épocas diversas; (2) na ideia de que os temas sob investigação se transformaram ao longo do tempo sob o impacto de fatores e problemas que se manifestaram em práticas sociais diversas e, desse modo, as atividades foram sequenciadas de modo a expressar, sempre que possível, a cronologia dessas transformações.

É nessa etapa do trabalho que os estudantes passam a estabelecer relações e comparações entre a Matemática produzida e constituída no interior da prática social escolar e as matemáticas produzidas no interior de outras práticas sociais, uma vez que novas comunidades de memória, ligadas a essas diferentes práticas sociais passam a integrar o diálogo. Acabam, então, se apropriando de uma visão mais abrangente, profunda, crítica e multidisciplinar dos temas sob investigação, e muitas das questões orientadoras da pesquisa acabam sendo, nesse momento, consideradas satisfatoriamente à luz da problematização coletiva das atividades realizadas.

Num último momento, os estudantes, em seus respectivos grupos e com base em uma literatura adequada a eles disponibilizada, passam a discutir e a elaborar roteiros para entrevistar professores e alunos do Ensino Médio.

Após a discussão coletiva de tais roteiros e a devida retificação deles com base nessa discussão, os estudantes vão a campo e entrevistam professores e alunos com os quais já haviam feito um contato prévio. Questionários também constituem outra forma de obter dados junto a esses professores e alunos. As informações orais ou escritas obtidas são discutidas, processadas e interpretadas, primeiro no interior de cada grupo e depois coletivamente, à luz das discussões em aula e dos textos anteriormente produzidos relativos a cada momento do processo de investigação. Novas comunidades de memória – a dos professores e estudantes do Ensino Médio – são incorporadas ao diálogo, fato este que o torna simultaneamente mais complexo e significativamente mais rico.

Finalmente, com base na investigação concluída, os futuros professores discutem e produzem textos que procuram contemplar, da melhor forma possível, a complexidade desse diálogo estabelecido entre diferentes comunidades de memória e que tornou possível a constituição de uma história personalizada, significativa, esclarecedora, interativa e multidisciplinar de uma parcela da Matemática escolar que se expressa na história escolar dos temas investigados.

Algumas reflexões finais

Foi com base na reflexão analítica sobre o trabalho pedagógico junto aos futuros professores de Matemática que fomos, aos poucos, percebendo que a noção de problematização multidimensional ajustava-se de forma coerente e produtiva à concepção de história-problema que vinha orientando a nossa ação pedagógica. Além disso, fomos também percebendo que uma tal noção tem se revelado o elemento organizador e estruturador mais adequado ao nosso projeto de participação da história na formação do professor de matemática.

Coerentemente com esse ponto de vista, quando falamos, portanto, em participação da História na formação do professor de Matemática ou, mais amplamente, no processo de ensino-aprendizagem em todos os níveis, estamos concebendo essa participação de um modo tal que a linha que separa a Matemática da própria História da Matemática e da História da Educação Matemática se torna bastante tênue ou quase indistinta, uma vez que diálogos com diferentes práticas sociais do passado ou do presente exercem, dentre outros, um *papel psicológico* no sentido de oportunizar a problematização pedagógica.

Daí, o modo como concebemos essa participação não vê a história como um repositório fixo e invariável de objetivos, técnicas, métodos, problemas, obstáculos, mecanismos de passagem ou do que quer que seja, a ser total ou parcialmente transposto de forma mecânica para o plano do ensino-aprendizagem, mas um conjunto heterogêneo de formas simbólicas produzidas por comunidades de memória envolvidas com diferentes práticas sociais e produtoras de diferentes *jogos de linguagem* e que constituem e condicionam, em todo e qualquer momento presente, a produção e apropriação subjetiva da matemática e da educação matemática escolares por parte dos estudantes.

Bachelard, em sua obra *A formação do pensamento científico: contribuição para uma psicanálise do conhecimento* (BACHELARD, 1996), já havia chamado nossa atenção para o que estamos aqui denominando *papel psicológico* atribuído à participação da história na formação inicial do professor de matemática e, mais amplamente, no processo de ensino-aprendizagem em todos os níveis. Pensamos ter sido essa uma de suas grandes contribuições ao terreno da educação científica.

Mas quando falamos em papel psicológico da participação da história no processo de ensino-aprendizagem da Matemática[27] não estamos entendendo esse papel nem num sentido propriamente freudiano, nem no sentido não freudiano emprestado por Bachelard ao termo *psicanálise*.[28]

---

[27] Para uma análise detalhada de fundamentada dessa forma de se justificar a participação da história no processo de ensino-aprendizagem, o leitor poderá consultar a referência (MIGUEL, 2001).

[28] Segundo Bulcão, "o significado de psicanálise, para Freud, pode ser expresso em três níveis: como *método de investigação*, que consiste em evidenciar o significado inconsciente das palavras, das ações e dos atos imaginários; como um *método psicoterápico* baseado nessa investigação e como um *conjunto de teorias psicológicas* que sistematizam os dados introduzidos pelo método acima citado. Bachelard dá uma nova orientação ao termo 'psicanalítico', ao considerar que as forças psíquicas, os fatores inconscientes e os sonhos profundos também atuam sobre o ato de conhecer e constituem obstáculos à objetividade científica. Refletindo apenas sobre o conhecimento, Bachelard afirma que pretende fazer psicologia "por reflexo" e não "psicologia direta", isto é, utilizá-la somente na medida em que auxilia a depuração dos

De nossa parte, procuramos caracterizar o papel da história como psicológico, e não como psicanalítico, uma vez que preferimos emprestar à palavra *consciência*, tal como o fez Vygotsky (1987, p. 78), o significado de *indicador da percepção da atividade da mente*, isto é, a consciência de estar consciente, e, assim sendo, *não consciência* não é sinônimo de *insconsciência*, termo que, no sentido freudiano, aparece como resultado da repressão, e, no sentido bachelardiano, como resultado dos obstáculos epistemológicos. Além do mais, para nós, esse papel psicológico da história coloca-a como uma instância mediadora e favorecedora da problematização pedagógica o que, mais uma vez, o distingue quer dos papéis terapêutico e catártico da psicanálise freudiana, quer dos papéis normativo, moralizador, pedagógico e catártico da psicanálise bachelardiana.

Assim sendo, pensamos que o seguinte comentário de Gramsci retrata apropriadamente um dos aspectos centrais de nossa concepção do papel psicológico atribuído à história no processo de ensino-aprendizagem da matemática com vistas à problematização pedagógica:

> *O início da elaboração crítica é a consciência daquilo que somos realmente*, isto é, *um "conhece-te a ti mesmo" como produto do processo histórico até hoje desenvolvido*, que deixou em ti uma infinidade de traços recebidos sem benefício no inventário. Deve-se fazer, inicialmente, este inventário. (GRAMSCI, 1978, p. 12, grifos nossos)

Homens produzindo a história e sendo por ela produzidos. Homens produzindo a história que os produz. Se o caminho traçado nos conduz, como nos adverte Bell, somente até onde os outros foram,

---

fatores inconscientes que perturbam o ato do conhecimento [...] trata-se de um processo que tem por finalidade mostrar a *influência dos valores insconscientes na base do conhecimento científico*" (BULCÃO, 1981, p. 60-61, grifos nossos).

Como se percebe, tanto para Freud quanto para Bachelard, ainda que por razões distintas (em Bachelard, diferentemente de Freud, as razões são, sobretudo, mas não exclusivamente, de natureza cognitiva), o objetivo da psicanálise consiste em se procurar fazer com que o sujeito tome consciência das forças, dos fatores e dos mecanismos profundos (os tais "obstáculos epistemológicos" para Bachelard e os "mecanismos repressivos" para Freud) que estariam atuando ao nível do inconsciente, impedindo-o de fornecer/elaborar explicações objetivas para os fenômenos com os quais se defronta (para Bachelard), ou impedindo-o de compreender a origem de seus traumas, neuroses, comportamentos obsessivos, etc. (para Freud).

então, contrariamente a Bell, e assumindo a responsabilidade pelo mundo – premissa que orienta a função social da educação e constitui o fundamento eticopolítico da profissão docente –, pensamos, com Hannah Arendt, que:

> [...] o educador é, perante o jovem, o representante de um mundo pelo qual deve assumir a responsabilidade, embora ele não o tenha feito e, ainda que secreta ou abertamente, possa querer que ele fosse diferente do que é. Essa responsabilidade não é imposta arbitrariamente aos educadores; ela está implícita no fato de que os jovens são introduzidos por adultos em um mundo em contínua mudança. Qualquer pessoa que se recuse a assumir a responsabilidade coletiva pelo mundo não deveria ter crianças, e é preciso proibi-la de tomar parte em sua educação. Na educação, essa responsabilidade pelo mundo assume a forma de autoridade. A autoridade do educador e as qualificações do professor não são a mesma coisa. Embora certa qualificação seja indispensável para a autoridade, a qualificação, por maior que seja, nunca engendra por si só a autoridade. A qualificação do professor consiste em conhecer o mundo e ser capaz de instruir os outros acerca deste, porém sua autoridade se assenta na responsabilidade que ele assume por este mundo. [...] A função da escola é ensinar às crianças como o mundo é, e não instruí-las na arte de viver. Dado que o mundo é velho, sempre mais do que as próprias crianças, a aprendizagem volta-se inevitavelmente para o passado, não importa o quanto a vida seja transcorrida no presente. (ARENDT, 1997, p. 239, 246)

Visto que o ato educativo (nele incluído, é claro, o processo de formação inicial do professor) é sempre uma ação sobre *sujeitos sociais* visando a prepará-los para a sua inserção no espaço heterogêneo e conflituoso da vida social pública e dar a ele continuidade, torna-se necessário, então, que o professor, concebido não apenas como mediador entre o espaço da vida social privada e subjetiva do estudante e o espaço da vida social pública do mundo contemporâneo, mas também como representante das diferentes comunidades de memória que participaram e/ou participam do processo de constituição da matemática e da educação matemática escolares na história, dialogue de forma problematizadora com a cultura matemática e educativa produzidas por essas comunidades.

Referências

ABREU, G. A teoria das representações sociais e a cognição matemática. *Quadrante*, v. 4, n. 1, p. 25-41, 1995.

ALEKSANDROV, A. D. et al. *La matemática: su contenido, métodos y significados.* v. I e II Madrid: Alianza Universidad, 1985.

ALVES, S. F. *Álgebra Elementar*. 4. ed. Rio de Janeiro: Livraria Francisco Alves, 1918.

ARENDT, H. *Entre o passado e o futuro*. 4. ed. São Paulo: Editora Perspectiva, 1997.

ARTIGUE, M. Épistémologie et didactique. *Recherches en Didatiques des Mathématiques*, v. 10/ 2.3, 1990, p. 241-285.

BACHELARD, G. *A formação do espírito científico: contribuição para uma psicanálise do conhecimento*. Rio de Janeiro: Contraponto, 1996.

BICUDO, J. C. *O ensino secundário no Brasil e sua atual legislação* (de 1931 a 1941 inclusive). São Paulo: s.n, 1942.

BIGODE, A. J. L. *Matemática atual*. São Paulo: Atual, 1994. 6ª série.

BKOUCHE, R. Épistémologie, Histoire et Enseignement des Mathématiques. *For the Learning of Mathematics* 17, 1, february, 1997, p. 34 -42.

BOERO, P.; PEDEMONTE, B.; ROBOTTI, E. Approaching theoretical knowledge through voices and echoes: a vygotskian perspective. *Proceedings of the 21st Conference of the International Group for the Psycology of Mathematics Education*, v. 2, p. 81-88. Lahti – Finland , 1997.

BOERO, P.; PEDEMONTE, B.; ROBOTTI, E.; CHIAPPINI, G. The "voices and game" and the interiorization of crucial aspects of theoretical knowledge in a vygotskian perspective: ongoing research. *Proceedings of the 21st Conference of the International Group for the Psycology of Mathematics Education*, v. 2, p. 120-127. Stellenbosch – South Africa, 1998.

BOOKER, G. Insight from past solutions: using the history of Mathematics in problem solving. *Anais do 2º Congresso Latino-americano de História da Ciência e da Tecnologia*, p. 229-231, São Paulo, 1988.

BRASIL. Secretaria de Educação Fundamental. *Parâmetros curriculares nacionais: Matemática.* Brasilia: MEC/SEF, 1998.

BROUSSEAU, G. Les obstacles épistémologiques et les problèmes en mathématiques. *Recherches en Didatiques des Mathématiques*, v. 4.2, p. 164-198, 1983.

BULCÃO, M. *O Racionalismo da Ciência Contemporânea: uma análise da epistemologia de Gaston Bachelard.* Rio de Janeiro: Edições Antares, 1981.

BURKE, P. *Variedades de história cultural.* Rio de Janeiro: Civilização Brasileira, 2000.

BYERS, V. Why study the history of mathematics? *International Journal of Math. Educ. Sci. Technol.* 13(1) : 59-66.1982.

CARAÇA, B. J. *Conceitos fundamentais da matemática.* Lisboa, 1978a.

CARAÇA, B. J. *Bento de Jesus Caraça: conferências e outros escritos.* Lisboa: 2. ed., 1978b.

CARR, E.H. *Que é História.* Rio de Janeiro: Paz e Terra, 1987.

CARVALHO, F. et al. Por que Bhaskara? *História & Educação Matemática*, v. 2, n. 2, jun./dez. 2001, jan./dez. 2002, p. 123-171.

CASTELNUOVO, E. *Geometria Intuitiva.* Barcelona: Labor, 1966.

CHARTIER, R. *A história cultural: entre práticas e representações.* Lisboa: Difel, 1990.

CLAIRAUT, A. C. *Elementos de Geometria.* Trad. J. Feliciano. São Paulo: Empreza Bibliópola Ed., 1892.

COMTE, A. Curso de filosofia positiva. In: *Os pensadores.* São Paulo: Abril, 1978.

COSTA, G. M. L. da. *Os livros didáticos de matemática no Brasil do século XIX.* PUC-Rio de Janeiro, 2000. Dissertação de Mestrado.

COSTA, M. A. *As ideias fundamentais da matemática e outros ensaios.* São Paulo: Convívio/Edusp, 1981.

D'AMBROSIO, U. *Etnomatemática: arte ou técnica de explicar e conhecer.* São Paulo: Ática, 1990.

D'AMBROSIO, U. *Etnomatemática: elo entre as tradições e a modernidade.* Belo Horizonte: Autêntica, 2001.

DASSIE, A. D. et al. Uma coleção revolucionária. *História & Educação Matemática*, v. 2, n. 2, jun./dez. 2001, jan./dez. 2002, p. 9-33.

EVANS, P. *Motivação.* Rio de Janeiro: Zahar, 1976.

FAUVEL, J.; van MAANEN, J. (Eds.). *History in mathematics education: the ICMI study.* Dordrecht/Boston/London: Kluwer Academic Publishers, 2000.

FISH, S. Como reconhecer um poema ao vê-lo. *Palavra*, n. 1, 1993, p. 156-166: Departamento de Letras da PUC-Rio de Janeiro.

FOUCAULT, M. *Microfísica do poder.* Rio de Janeiro: Edições Graal, 15. ed., 2000.

FRANÇA, E. et al. *Matemática na vida e na escola.* São Paulo: Editora do Brasil, 1999. 8ª série.

FURINGHETTI, F.; RADFORD, L. Historical conceptual developments and the teaching of mathematics: from philogenesis and ontogenesis theory to classroom practice. In: Lyn English *et al.* (editors): *Handbook of international research in mathematics education*, p. 631-654, Lawrence Earlbaum, New Jersey, 2002.

GARUTI, R. A classroom discussion and a historical dialogue: a case study. *Proceedings of the 21rd Conference of the International Group for the Psycology of Mathematics Education*, v. 2, p. 297-304. Lahti, Finland , 1997.

GARUTI, R.; BOERO, P.; CHIAPPINI, G. Bringing the voice of Plato in the classroom to detect and overcome conceptual mistakes. *Proceedings of the 23rd Conference of the International Group for the Psycology of Mathematics Education*, v. 3, p. 9-16. Haifa, Israel, 1999.

GERDES, P. A matemática ao serviço do povo. *Ciência e Tecnologia*, n. 7, 1984, p. 8-14.

GERDES, P. *Etnomatemática: cultura, matemática, educação*. Maputo: Instituto Superior Pedagógico, 1991.

GLAESER, G. Epistémologie des nombres relatifs. *Recherches en Didactique des Mathématiques*, v. 2, n. 3, p. 303-346, 1981.

GRAMSCI, A. *Concepção Dialética da História*. Rio de janeiro: Civilização Brasileira, 2. ed., 1978.

GRATTAN-GUINNESS, I. Not from nowhere: history and philosophy behind mathematical education. *International Journal of Math*. Educ. Technol. 4: 421-453, 1973.

HABERMAS, J. *Conhecimento e interesse*. Rio de Janeiro: Zahar Editores, 1982.

HASSLER, J.O. The use of Mathematical History in teaching. *The Mathematics Teacher*, março de 1929.

HUMPHREYS, W. Use of the History of Mathematics in the mathematics curriculum. *Procceedings of the Fourth International Congress on Mathematical Education*, p. 5396-98. Birkhäuser. Boston. U.S.A. 1980.

IMENES, L. M.; LELLIS, M. *Matemática paratodos*. São Paulo: Scipione, 2002. 8ª série.

JONES, P.S. The History of Mathematics as a teaching tool. In: *Historical topics for the Mathematics classroom*. Washington, D.C.: National Council of Teachers of Mathematics, 1969.

KLEIN, F. *Elementary Mathematics from a advanced standpoint*. New York: Dover, 1945.

KLEIN, F. *Matemática elemental desde um punto de vista superior*. Madrid:s/e, Coleção Biblioteca Matemática, 2 v., s/d.

KLINE, M. *Mathematical thought from ancient to modern times*. New York: Oxford University Press, 1972.

KLINE, M. *O fracasso da Matemática moderna*. São Paulo: Ibrasa, 1976.

KLINE, M.A proposal for the high school mathematics curriculum. *Mathematics*

Teacher, April 1966, p. 322-334.

KOPNIN, P.V. *Fundamentos lógicos da ciência*. Rio de Janeiro: Editora Civilização Brasileira, 1982.

LEGRAND, L. *Psicologia aplicada à educação intelectual*. Rio de Janeiro: Zahar, 1974.

LÉVI-STRAUSS, C. *As Estruturas Elementares do Parentesco*. São Paulo: Vozes, 1976.

MARX, K. O 18 Brumário de Luís Bonaparte. In: *Os Pensadores*. São Paulo: Abril, 1978.

MERANI, A. L. *Psicologia Infantil*. Rio de Janeiro: Editora Paz e Terra, 1972.

MESERVE, B. The History of Mathematics as a pedagogical tool. *Proceedings of the Fourth International Congress on Mathematical Education* p. 398-400. Boston: Birkhäuser, 1980.

MIGUEL, A. A constituição do paradigma do formalismo pedagógico clássico em educação matemática. *Zetetiké*, ano 3, n. 3, p. 7-39, março de 1995.

MIGUEL, A. As potencialidades pedagógicas da história da matemática em questão: argumentos reforçadores e questionadores. *Zetetiké*, v. 5, n. 8, julho/dezembro de 1997, p. 73 - 105.

MIGUEL, A. Breve ensaio acerca da participação da história na apropriação do saber matemático. In: Sisto, F.; Dobránszy, E.; Monteiro, A. (Orgs.). *Cotidiano escolar: questões de leitura, matemática e aprendizagem*. Petrópolis: Vozes; Bragança Paulista: USF, p. 100-117, 2001.

MIGUEL, A. Estudos histórico-pedagógicos temáticos e história-problema. In: *Actas da Deuxième Université d'Été Européenne sur Histoire et Épistémologie dans l'Éducation Mathématique*. v. II, p. 43-49. Braga, Portugal, 1996.

MIGUEL, A. *Formas especulares e não-especulares de se conceber a relação entre história, epistemologia e educação matemática*. Campinas: Relatório de Pesquisa. CEMPEM/FE-UNICAMP, 1999b.

MIGUEL, A. *Três estudos sobre história e educação matemática*. Campinas: tese de doutorado, Faculdade de Educação, UNICAMP, 1993.

MIGUEL, A. *Uma investigação acerca de algumas formas de se conceber o papel da História da Matemática na Pesquisa Contemporânea em Educação Matemática*. Campinas: Relatório de Pesquisa. CEMPEM/FE-UNICAMP, 1999a.

MIGUEL, A.; BRITO, A. de J. A História da Matemática na formação do professor de Matemática. *Cadernos CEDES* 40, p. 47-61. São Paulo: Papirus, 1996.

MIGUEL, A.; MIORIM, M. A. A prática social de investigação em História da Matemática: algumas considerações teórico-metodológicas. *Anais do VI Encontro Brasileiro de Estudantes de Pós-graduação em Educação Matemática (VI EBRAPEM)*, novembro de 2002, v. I, p. 7-17. Campinas, SP: Gráfica da Faculdade de Educação da UNICAMP.

MIGUEL, A.; MIORIM, M. A. História da Matemática: uma prática social de investigação em construção. *Educação em Revista – dossiê: a pesquisa em educação mate-*

mática no Brasil, n. 36, dezembro de 2002b, p. 177-203. Belo Horizonte: Faculdade de Educação da Universidade Federal de Minas Gerais.

MIGUEL, A. Algumas formas de ver e conceber o campo de interações entre Filosofia e Educação Matemática. In: *Filosofia da Educação Matemática: concepções & Movimento*. Bicudo, M. A.V. (Org.) Brasília: Plano, 2003.

MIORIM, M. A. Alguns momentos significativos da história do ensino da matemática nas escolas secundárias do Brasil. *Anais do III Encontro Luso-Brasileiro de história da matemática*. Coimbra, Portugal, 2000, aceito para publicação em 31/07/2000.

MIORIM, M. A. *et al*. O Papel da História da Matemática na formação Continuada do professor. Artigo não publicado, 1998.

MIORIM, M. A. *Introdução à História da Educação Matemática*. São Paulo: Atual, 1998.

MIORIM, M. A. *O ensino de matemática: evolução e modernização*. São Paulo: FE/UNICAMP, 1995. Tese de Doutorado.

MIORIM, M. A. Uma História da Educação Matemática e da formação de professores de Matemática. In: *Anais do XIII Encontro Regional de Educação Matemática*, São Leopoldo-RS, outubro de 2001.

MIORIM, M. A., MIGUEL, A. *Os logaritmos na cultura escolar brasileira*. Rio Claro: Publicação da Sociedade Brasileira de História da Matemática, 2002.

MIORIM, M. A., MIGUEL, A. Reflexões acerca do papel da história na formação do professor de matemática: as experiências de docência e pesquisa dos professores do Hifem/Fe-Unicamp. In: *Anais do I Seminário de Licenciaturas em Matemática*. Salvador: SBEM, 2003.

MIORIM, M. A.; MIGUEL, A. A constituição de três campos afins de investigação: história da matemática, educação matemática e história & educação matemática. *Teoria e Prática da Educação*, v. 4, n. 8, junho de 2001, p. 35-62. Revista do Departamento de Teoria e Prática da Educação da Universidade Estadual de Maringá, PR.

MONK, R. *Wittgenstein: o dever do gênio*. São Paulo: Companhia das Letras, 1995.

MORENO, L.; WALDEGG, G. The conceptual Evolution of Actual Mathematical Infinity. *Educational Studies in Mathematics*, 22, p. 211-231, 1991.

MORENO, L. Calculus: history and cognition. In: *Actas da Deuxième Université d'Été Européenne sur Histoire et Épistémologie dans l'Education Mathématique*.Volume II, p. 294-300. Braga, Portugal, 1996.

OTTONI, C. B. *Elementos de Álgebra*. 2ª ed. Rio de Janeiro: Eduardo & Henrique Laemmert, 1856.

PAIS, L. C. *Didática da Matemática: uma análise da influência francesa*. Belo Horizonte: Autêntica, 2001.

PEREZ Y MARIN, A. *Elementos de álgebra*. São Paulo: Escolas Profissionaes do Lyceu Coração de Jesús, 1928.

PESSOA, F. *Seleção Poética*. Rio de Janeiro: Aguilar, 1972.

PESSOA, F. *Poesia / poesias de Ricardo Reis*. São Paulo: Companhia das Letras, 2000.

PIAGET, J.; GARCIA, R. *Psicogénesis e historia de la ciencia*. México: Siglo Veintiuno, 1982.

POINCARÉ, H. *Science et Méthode*. Paris: Flamarion, 1947.

RADFORD, L. On Psychology, Historical Epistemology, and the Teaching of Mathematics: towards a Socio-Cultural History of Mathematics. *For the Learning of Mathematics* 17, 1, p. 26-33, february, 1997.

RADFORD, L.; GUÉRETTE, G. Quadratic Equations: reinventing the formula. A teaching sequence based on the historical development of Algebra. In: História e Educação Matemática. *Actas do ICME-8, satellite meeting of the International Study Group on the Relations Between History and Pedagogy of Mathematics*, 24-30 julho de 1996, v. II, p. 301-308. Braga, Portugal.

RESTIVO, S. The social life of mathematics. In: *Math Worlds - Philosophical and social studies of mathematics and mathematics education*. Edited by: Restivo, S.; Van Bendegem, J. P.; Fischer, R. New York: State University of New York Press, 1993.

ROGERS, L. Bachelard and the epistemological obstacle: a critique from the history of mathematics. In: *Actas da Deuxième Université d'Été Européenne sur Histoire et Épistémologie dans l'Éducation Mathématique*. v. II, p. 269-276. Braga, Portugal, 1996.

ROGERS, L. The mathmatics curriculum and the history of mathematics. *Proceedings of the Fourth International Congress on Mathematical Education*. p. 400-402. Birkhäuser. Boston. USA. 1983.

RONAN, C. A. *História ilustrada da ciência*. São Paulo: Círculo do Livro, 1987. 4 v.

ROXO, E. de M. G. Curso de mathematica elementar. Rio de Janeiro: Francisco Alves, 1929. v. 1.

S. L. *Álgebra elementar: theorica e pratica*. Rio de Janeiro, Francisco Alves, 1928.

SÃO PAULO (Estado) Secretaria de Educação. Coordenadoria de Estudos e Normas Pedagógicas. Proposta curricular para o ensino de matemática; 1º grau. 3ª edição. São Paulo, SE/CENP, 1988.

SCHUBRING, G. Les enjeux épistemologiques des nombres négatifs. In: *Actes de la Première Université d'Été Européenne sur Histoire et Épistémologie dans l'Éducation Mathématique*, p. 443- 449. IREM de Montpellier, 1993.

SCHUBRING, G. Relações entre a história e o ensino da matemática. *Anais do II Encontro Luso-Brasileiro de História da Matemática & II Seminário Nacional de História da Matemática*, p. 157-163. Rio Claro-SP: Cruzeiro, 1997.

SFARD, A. On the dual nature of mathematical conceptions: reflections on processes and objects as different sides of the same coin. *Educational Studies in Mathematics*, v. 22-1, p. 1-36, 1991.

SFARD, A. The development of Algebra: confronting historical and psychological perspectives. *Journal of Mathematical Behavior*, 14, p. 15-39, 1995.

SFARD, A.; LINCHEVSKI, L. The gains and the pitfalls of reification - the case of Algebra. In: *Learning Mathematics: constructivist and interactionist theories of mathematical development*. Paul Cobb (Ed.), p. 191-228. Netherlands: Kluwer Academic Publishers, 1994.

SIERPINSKA, A. Obstacles épistémologiques relatifs à la notion de limite. *Recherches en Didatiques des Mathématiques*, v. 6.1, p. 5-67, 1985.

SIERPINSKA, A. *Understanding in Mathematics*. London: The Falmer Press, 1994.

SILVA, C. M. S. da. A História da matemática e os cursos de formação de professores. In: CURY, H. N. (Org.). *Formação de professores de matemática: uma visão multifacetada*. Porto Alegre: EDIPUCRS, 2001, p. 129-165.

SILVA, C. M. S. da. O Livro didático de matemática no Brasil no século XIX In: Fossa, John A. (Org.). *Facetas do diamante: ensaios sobre educação matemática e história da matemática*. Rio Claro: SBHMat, 2000, p. 109-162.

SIMONS, L.G. The place of the History and Recreations of Mathematics in teaching Algebra and Geometry. *The Mathematics Teacher*, v. XVI, n° 2, february 1923, p. 94-101.

SWETZ, F.J. Seeking Relevance? Try the History of Mathematics. *Mathematics Teacher* (1): 54-62, jan. 1984.

SWETZ, F.J. Using problems from the History of Mathematics in classroom instruction. *Mathematics Teacher*, 82 (5): 370-377, may 1989.

THIRÉ, C. e MELLO e SOUZA. *Mathematica. 1º e 2º annos*. 1ª edição. Rio de Janeiro: Francisco Alves, 1931.

THOMPSON, J. B. *Ideologia e cultura moderna*. 5. ed. Petrópolis: Vozes, 1995.

VUYK, R. *Panorámica y crítica de la epistemología genética de Piaget : 1965-1980*. Volumes I e II. Madrid: Alianza Editorial, 1985.

VYGOSTSKY, L. S. *Pensamento e linguagem*. São Paulo: Martins Fontes, 1987.

WALDEGG, G. La géométrie de Bolzano: convictions ontologiques et obstacles épistémologiques. *Actas da Deuxième Université d'Été Européenne sur Histoire et Épistémologie dans l'Éducation Mathématique.*, v. II, p. 154-161. Braga, Portugal, 1996.

WALDEGG, G. La notion du nombre avant l'établissement de la science analytique. *Actes de la Premiére Université d'Éte Européene: Histoire et Épistemologie dans l'Éducation Mathématique*, IREM de Montpellier, 1993.

WILTSHIRE, B. History of Mathematics in the classroom. *Mathematics Teacher*, v. 5 XXIII. n. 8, December, 1930, p. 504-508.

WINCHESTER, I. History, Science and Science Teaching. Interchange, v. 20, n. 2, 1989.

WITTGENSTEIN, L. *O livro castanho*. Lisboa: Edições 70, 1992.

ZÚÑIGA, A. R. *La filosofia de las matematicas - análisis de textos en secundaria*. Editorial de la Universidad de Costa Rica. 1988.

Leituras complementares

ANAIS do I Seminário Nacional de História da Matemática. Editor: Fernando Raul Neto. Recife - PE, Brasil, 1995.

ANAIS do II Seminário Nacional de História da Matemática. Editor: Sergio Nobre. Águas de São Pedro - SP, Brasil, 1997.

ANAIS do III Seminário Nacional de História da Matemática. Editor: Circe Mary Silva da Silva. Vitória, 1999.

ANAIS do IV Seminário Nacional de História da Matemática. Editor: John A. Fossa. Rio Claro: Sociedade Brasileira de História da Matemática, 2001.

ANAIS do V Seminário Nacional de História da Matemática. Editor: Sérgio Nobre. Rio Claro: Sociedade Brasileira de História da Matemática, 2003.

ARTIGUE, M.; DOUADY, R. A didática da matemática em França. *Quadrante*, v. 2, n. 2, 1993.

BARNETT, J. H. Anomalies and the development of mathematical understanding. *Actas da Deuxième Université d'Été Européenne sur Histoire et Épistémologie dans l'Éducation Mathématique*, v. II, p. 230-237. Braga, Portugal, 1996.

BKOUCHE, R. Épistémologie, histoire des mathématiques et enseignement. *Actas da Deuxième Université d'Été Européenne sur Histoire et Épistémologie dans l'Éducation Mathématique*, Volume I, p. 282-290. Braga, Portugal, 1996.

BOUTROUX, P. *L'Ideal Scientifique des mathématiciens: dans l'antiquité et dans les temps modernes*. Paris: Librairie Félix Alcan, 1920.

BRITO, A. J.; MIORIM, M. A. A História na Formação de Professores de Matemática: Reflexões Sobre uma Experiência. In: *Anais do III Seminário Nacional de História da Matemática*, Vitória - ES: fevereiro de 2000, p. 255-274.

BROUSSEAU, G. Os diferentes papéis do professor. In: PARRA, Cecília; SAIZ, Irma (Orgs.). *Didática da Matemática: Reflexões Psicopedagógicas*. Porto Alegre: Artes Médicas, 1996.

CHERVEL, A. História das disciplinas escolares: reflexões sobre um campo de pesquisa. *Teoria & Educação*, 2, 1990, p. 177-229.

CHEVALLARD, Y. *La transposición didática: del saber sabio al saber ensenado*. Argentina: Aique Grupo Editor S. A., 1991.

COMPTE RENDU de la 39e. Reencontre Internationale de la CIAEM. Sherbrooke (Canada): Les Éditions de l'Université de Sherbrooke, 1988.

DALCIN, A. *Um olhar sobre o paradidático de matemática*. Campinas, SP: FE/UNICAMP, 2002. Dissertação de Mestrado.

ESPINOSA, F. H. (Ed.) *Investigaciones en Matemática Educativa*. México: Grupo Editorial Iberoamérica, S. A., 1996.

FERREIRA, E.S. *et al.* O uso da História da Matemática na formalização de conceitos. *Bolema especial* n. 2. p. 26-41. Rio Claro. 1992.

FOUCAULT, M. *A verdade e as formas jurídicas*. Rio de Janeiro: Nau Editora, 2. ed., 1999.

GERDES, P. *Sobre o despertar do pensamento geométrico*. Curitiba: Editora da UFPR, 1992.

KLINE, M. *Mathematics: the loss of certainty*. New York: Oxford University, 1980.

LAKATOS, I. *A lógica do descobrimento matemático: provas e refutações*. Rio de Janeiro: Zahar, 1978.

LOPES, M. L. M. L. Entrevista. *Educação Matemática em Revista*, ano 7, n. 8, junho de 2000.

MIGUEL, A. Abrindo o debate em torno da metodologia da pesquisa em história da matemática. *Anais do III Seminário Nacional de História da Matemática*. Vitória, 2000, p. 139-155.

MIORIM, M. A. O Teorema de Pitágoras em Livros Didáticos. *Revista de Educação Matemática da SBEM-SP*, ano 6, n. 4, jul. 1998, p. 5-14.

NOBRE, S. A investigação científica em história da matemática em Portugal e no Brasil: caminho para sua consolidação como área acadêmica. *Anais do 2º Encontro Luso-Brasileiro de História da Matemática e Seminário Nacional de História da Matemática*. Águas de São Pedro, 1997, p. 1-7.

NOBRE, S. Introdução à história da história da matemática: das origens ao século XVIII. *Revista Brasileira de História da Matemática*, v. 2, n. 3, 2002, p. 3-43.

NOBRE, S.; BARONI, R. L. S. A pesquisa em história da matemática e suas relações com a educação matemática. In: BICUDO, M. A. V. (Org.). *Pesquisa em Educação Matemática: concepções & perspectivas*. São Paulo: UNESP, 1999, p. 129-136.

OLIVEIRA, B. A. de. *Um estudo sobre as relações entre significados numéricos e valores culturais*. Relatório de Pesquisa de Iniciação Científica – SAE e PIBIC, Campinas: FE/UNICAMP, 1997.

PESTRE, D. Por uma nova história social e cultural das ciências: novas definições, novos objetos, novas abordagens. *Cadernos IG/UNICAMP*, v. 6, n. 1, 1996.

PIAGET, J. *Introduccion a la epistemologia genetica: el pensamiento matemático*. Buenos Aires: Editorial Paidos, 1975.

RESUMOS do III Encontro Luso-Brasileiro de História da Matemática. Portugal: Coimbra, 2000.

REVISTA Brasileira de História da Matemática: an International Journal on the History of Mathematics. Publicação Oficial Semestral da Sociedade Brasileira de História da Matemática. Editor: Sergio Nobre. Rio Claro: UNESP.

REVISTA História & Educação Matemática. Publicação Oficial da Sociedade Brasileira de História da Matemática. Editores: Antonio Miguel e Maria Ângela Miorim. Rio Claro: UNESP.

ROXO, E. A matemática na escola secundária. São Paulo: Nacional, 1937.

SCHNEIDER, M. Un obstacle épistemologique soulevé par des "découpages infinis" des surfaces et des solides. *Recherches en Didactique des Mathematiques*, v. 11, n. 23, p. 241-294, 1991.

SCHUBRING, G. A pesquisa em história da matemática: questões metodológicas. *Anais do III Seminário Nacional de História da Matemática*, p. 192-203. Vitória, 2000.

SCHUBRING, G. *Análise histórica de livros de matemática: notas de aula*. Campinas: Autores Associados, 2003.

SCHUBRING, G. Desenvolvimento histórico do conceito e do processo de aprendizagem, a partir de recentes concepções matemático-didáticas (erro, obstáculos, transposição). *Zetetiké*, v. 6, n. 10, p. 9-34, julho/dezembro de 1998. Campinas: CEMPEM - FE/UNICAMP.

SILVA, C. M. S. *A Faculdade de Filosofia, Ciências e Letras da USP e a formação de professores de Matemática*, 2001b. <www.anped.org.br/1925.html>

SOUZA, R. M. de. *Um estudo sobre as influências do Primeiro Movimento Internacional de Modernização do ensino de matemática nos livros didáticos brasileiros*. Relatório de Pesquisa de Iniciação Científica – FAPESP, Campinas: FE-UNICAMP, 1997.

SWETZ, F.J.; KAO, T. I. *Was Pythagoras chinese?: An examination of right triangle theory in ancient China*. The Pennsylvania State University Press, 1977.

VALENTE, W. R. História da matemática escolar: problemas teóricos metodológicos. *Anais do IV Seminário Nacional de História da Matemática*. Natal, 2001, p. 207-219.

VALENTE, W. R. História da Matemática na Licenciatura. *Educação Matemática em Revista*, ano 9, Edição Especial, março de 2002, p. 88-94. São Paulo: Sociedade Brasileira de Educação Matemática.

VALENTE, W. R. *Uma história da matemática escolar no Brasil (1730-1930)*. São Paulo: FE-USP, 1997. Tese de doutorado.

VALENTE, W. R. *Uma história da matemática escolar no Brasil (1730-1930)*. São Paulo: Annablume, 1999.

WALDEGG, G. Histoire, Épistémologie et Méthodologie dans la Recherche en Didactique. Canadá: *For the Learning of Mathematics* 17, 1 (February, 1997), p. 43-46.

ZÚÑIGA, A. R. Algumas implicaciones de la Filosofia y la Historia de las Matematicas en su Enseñanza. *Revista Educación* 11(1):7-19. Costa Rica.1987a.

ZÚÑIGA, A. R. Fundamentos para una nueva actitud en la enseñanza moderna de las matematicas elementales. *Boletim da Sociedade Paranaense de Matemática* v. 8, n. 2, outubro. 1987b.

Outros títulos da coleção
Tendências em Educação Matemática

A matemática nos anos iniciais do ensino fundamental – Tecendo fios do ensinar e do aprender
Autoras: *Adair Mendes Nacarato, Brenda Leme da Silva Mengali, Cármen Lúcia Brancaglion Passos*

Neste livro, as autoras discutem o ensino de Matemática nas séries iniciais do ensino fundamental num movimento entre o aprender e o ensinar. Consideram que essa discussão não pode ser dissociada de uma mais ampla, que diz respeito à formação das professoras polivalentes – aquelas que têm uma formação mais generalista em cursos de nível médio (Habilitação ao Magistério) ou em cursos superiores (Normal Superior e Pedagogia). Nesse sentido, elas analisam como têm sido as reformas curriculares desses cursos e apresentam perspectivas para formadores e pesquisadores no campo da formação docente. O foco central da obra está nas situações matemáticas desenvolvidas em salas de aula dos anos iniciais. A partir dessas situações, as autoras discutem suas concepções sobre o ensino de Matemática a alunos dessa escolaridade, o ambiente de aprendizagem a ser criado em sala de aula, as interações que ocorrem nesse ambiente e a relação dialógica entre alunos-alunos e professora-alunos que possibilita a produção e a negociação de significado.

Afeto em competições matemáticas inclusivas – A relação dos jovens e suas famílias com a resolução de problemas
Autoras: *Nélia Amado, Susana Carreira, Rosa Tomás Ferreira*

As dimensões afetivas constituem variáveis cada vez mais decisivas para alterar e tentar abolir a imagem fria, pouco entusiasmante e mesmo intimidante da Matemática aos olhos de muitos jovens e adultos. Sabe-se atualmente, de forma cabal, que os afetos (emoções, sentimentos, atitudes, percepções...) desempenham um papel central na aprendizagem da Matemática, designadamente na atividade de resolução de problemas. Na sequência do seu envolvimento em competições matemáticas inclusivas baseadas na internet, Nélia Amado, Susana Carreira e Rosa Tomás Ferreira debruçam-se sobre inúmeros dados e testemunhos que foram reunindo, através de questionários, entrevistas e conversas informais com alunos e pais, para caracterizar as dimensões afetivas presentes na participação de jovens alunos (dos 10 aos 14 anos) nos campeonatos de resolução de problemas SUB12 e SUB14. Neste livro, o leitor é convidado a percorrer várias das dimensões afetivas envolvidas na resolução de problemas desafiantes. A compreensão dessas dimensões ajudará a melhorar a relação das crianças e dos adultos com a Matemática e a formular uma imagem da Matemática mais humanizada, desafiante e emotiva.

Álgebra para a formação do professor – Explorando os conceitos de equação e de função
Autores: *Alessandro Jacques Ribeiro, Helena Noronha Cury*

Neste livro, Alessandro Jacques Ribeiro e Helena Noronha Cury apresentam uma visão geral sobre os conceitos de equação e de função, explorando o tópico com vistas à formação do professor de Matemática. Os autores trazem aspectos históricos da constituição desses conceitos ao longo da História da Matemática e discutem os diferentes significados que até hoje perpassam as produções sobre esses tópicos. Com vistas à formação inicial ou continuada de professores de Matemática, Alessandro e Helena enfocam, ainda, alguns documentos oficiais que abordam o ensino de equações e de funções, bem como exemplos de problemas encontrados em livros didáticos. Também apresentam sugestões de atividades para a sala de aula de Matemática, abordando os conceitos de equação e de função, com o propósito de oferecer aos colegas, professores de Matemática de qualquer nível de ensino, possibilidades de refletir sobre os pressupostos teóricos que embasam o texto e produzir novas ações que contribuam para uma melhor compreensão desses conceitos, fundamentais para toda a aprendizagem matemática.

Análise de erros – O que podemos aprender com as respostas dos alunos
Autora: *Helena Noronha Cury*

Neste livro, Helena Noronha Cury apresenta uma visão geral sobre a análise de erros, fazendo um retrospecto das primeiras pesquisas na área e indicando teóricos que subsidiam investigações sobre erros. A autora defende a ideia de que a análise de erros é uma abordagem de pesquisa e também uma metodologia de ensino, se for empregada em sala de aula com o objetivo de levar os alunos a questionarem suas próprias soluções. O levantamento de trabalhos sobre erros desenvolvidos no país e no exterior, apresentado na obra, poderá ser usado pelos leitores segundo seus interesses de pesquisa ou ensino. A autora apresenta sugestões de uso dos erros em sala de aula, discutindo exemplos já trabalhados por outros investigadores. Nas conclusões, a pesquisadora sugere que discussões sobre os erros dos alunos venham a ser contempladas em disciplinas de cursos de formação de professores, já que podem gerar reflexões sobre o próprio processo de aprendizagem.

Aprendizagem em Geometria na educação básica – A fotografia e a escrita na sala de aula
Autores: *Cleane Aparecida dos Santos, Adair Mendes Nacarato*

Muitas pesquisas têm sido produzidas no campo da Educação Matemática sobre o ensino de Geometria. No entanto, o professor, quando deseja implementar atividades diferenciadas com seus alunos, depara-se com a escassez de materiais publicados. As autoras, diante dessa constatação, constroem, desenvolvem e analisam uma proposta alternativa para explorar os conceitos geométricos, aliando o uso de imagens fotográficas às produções escritas dos alunos. As autoras almejam que o compartilhamento da experiência vivida possa contribuir tanto para o campo da pesquisa quanto para as práticas pedagógicas dos professores que ensinam Matemática nos anos iniciais do ensino fundamental.

Brincar e jogar – enlaces teóricos e metodológicos no campo da Educação Matemática
Autor: *Cristiano Alberto Muniz*

Neste livro, o autor apresenta a complexa relação jogo/ brincadeira e a aprendizagem matemática. Além de discutir as diferentes perspectivas da relação jogo e Educação Matemática, ele favorece uma reflexão do quanto o conceito de Matemática implica a produção da concepção de jogos para a aprendizagem, assim como o delineamento conceitual do jogo nos propicia visualizar novas possibilidades de utilização dos jogos na Educação Matemática. Entrelaçando diferentes perspectivas teóricas e metodológicas sobre o jogo, ele apresenta análises sobre produções matemáticas realizadas por crianças em processo de escolarização em jogos ditos espontâneos, fazendo um contraponto às expectativas do educador em relação às suas potencialidades para a aprendizagem matemática. Ao trazer reflexões teóricas sobre o jogo na Educação Matemática e revelar o jogo efetivo das crianças em processo de produção matemática, a obra tanto apresenta subsídios para o desenvolvimento da investigação científica quanto para a práxis pedagógica por meio do jogo na sala de aula de Matemática.

Da etnomatemática a arte-design e matrizes cíclicas
Autor: *Paulus Gerdes*

Neste livro, o leitor encontra uma cuidadosa discussão e diversos exemplos de como a Matemática se relaciona com outras atividades humanas. Para o leitor que ainda não conhece o trabalho de Paulus Gerdes, esta publicação sintetiza uma parte considerável da obra desenvolvida pelo autor ao longo dos últimos 30 anos. E para quem já conhece as pesquisas de Paulus, aqui são abordados novos tópicos, em especial as matrizes cíclicas, ideia que supera não só a noção de que a Matemática é independente de contexto e deve ser pensada como o símbolo da pureza, mas também quebra, dentro da própria Matemática, barreiras entre áreas que muitas vezes são vistas de modo estanque em disciplinas da graduação em Matemática ou do ensino médio.

Descobrindo a Geometria Fractal – Para a sala de aula
Autor: *Ruy Madsen Barbosa*

Neste livro, Ruy Madsen Barbosa apresenta um estudo dos belos fractais voltado para seu uso em sala de aula, buscando a sua introdução na Educação Matemática brasileira, fazendo bastante apelo ao visual artístico, sem prejuízo da precisão e rigor matemático. Para alcançar esse objetivo, o autor incluiu capítulos específicos, como os de criação e de exploração de fractais, de manipulação de material concreto, de relacionamento com o triângulo de Pascal, e particularmente um com recursos computacionais com *softwares* educacionais em uso no Brasil. A inserção de dados e comentários históricos tornam o texto de interessante leitura. Anexo ao livro é fornecido o CD-Nfract, de Francesco Artur Perrotti, para construção dos lindos fractais de Mandelbrot e Julia.

Diálogo e aprendizagem em Educação Matemática
Autores: *Helle AlrØ e Ole Skovsmose*

Neste livro, os educadores matemáticos dinamarqueses Helle Alrø e Ole Skovsmose relacionam a qualidade do diálogo em sala de aula com a aprendizagem. Apoiados em ideias de Paulo Freire, Carl Rogers e da Educação Matemática Crítica, esses autores trazem exemplos da sala de aula para substanciar os modelos que propõem acerca das diferentes formas de comunicação na sala de aula. Este livro é mais um passo em direção à internacionalização desta coleção. Este é o terceiro título da coleção no qual autores de destaque do exterior juntam-se aos autores nacionais para debaterem as diversas tendências em Educação Matemática. Skovsmose participa ativamente da comunidade brasileira, ministrando disciplinas, participando de conferências e interagindo com estudantes e docentes do Programa de Pós-Graduação em Educação Matemática da Unesp, em Rio Claro.

Didática da Matemática – Uma análise da influência francesa
Autor: *Luiz Carlos Pais*

Neste livro, Luiz Carlos Pais apresenta aos leitores conceitos fundamentais de uma tendência que ficou conhecida como "Didática Francesa". Educadores matemáticos franceses, na sua maioria, desenvolveram um modo próprio de ver a educação centrada na questão do ensino da Matemática. Vários educadores matemáticos do Brasil adotaram alguma versão dessa tendência ao trabalharem com concepções dos alunos, com formação de professores, entre outros temas. O autor é um dos maiores especialistas no país nessa tendência, e o leitor verá isso ao se familiarizar com conceitos como transposição didática, contrato didático, obstáculos epistemológicos e engenharia didática, dentre outros.

Educação a Distância *online*
Autores: *Marcelo de Carvalho Borba, Ana Paula dos Santos Malheiros, Rúbia Barcelos Amaral*

Neste livro, os autores apresentam resultados de mais de oito anos de experiência e pesquisas em Educação a Distância *online* (EaDonline), com exemplos de cursos ministrados para professores de Matemática. Além de cursos, outras práticas pedagógicas, como comunidades virtuais de aprendizagem e o desenvolvimento de projetos de modelagem realizados a distância, são descritas. Ainda que os três autores deste livro sejam da área de Educação Matemática, algumas das discussões nele apresentadas, como formação de professores, o papel docente em EaDonline, além de questões de metodologia de pesquisa qualitativa, podem ser adaptadas a outras áreas do conhecimento. Neste sentido, esta obra se dirige àquele que ainda não está familiarizado com a EaDonline e também àquele que busca refletir de forma mais intensa sobre sua prática nesta modalidade educacional. Cabe destacar que os três autores têm ministrado aulas em ambientes virtuais de aprendizagem.

Educação Estatística - Teoria e prática em ambientes de modelagem matemática
Autores: *Celso Ribeiro Campos, Maria Lúcia Lorenzetti Wodewotzki, Otávio Roberto Jacobini*

Este livro traz ao leitor um estudo minucioso sobre a Educação Estatística e oferece elementos fundamentais para o ensino e a aprendizagem em sala de aula dessa disciplina, que vem se difundindo e já integra a grade curricular dos ensinos fundamental e médio. Os autores apresentam aqui o que apontam as pesquisas desse campo, além de fomentarem discussões acerca das teorias e práticas em interface com a modelagem matemática e a educação crítica.

Educação Matemática de Jovens e Adultos – Especificidades, desafios e contribuições
Autora: *Maria da Conceição F. R. Fonseca*

Neste livro, Maria da Conceição F. R. Fonseca apresenta ao leitor uma visão do que é a Educação de Adultos e de que forma essa se entrelaça com a Educação Matemática. A autora traz para o leitor reflexões atuais feitas por ela e por outros educadores que são referência na área de Educação de Jovens e Adultos no país. Este quinto volume da coleção "Tendências em Educação Matemática" certamente irá impulsionar a pesquisa e a reflexão sobre o tema, fundamental para a compreensão da questão do ponto de vista social e político.

Etnomatemática – Elo entre as tradições e a modernidade
Autor: *Ubiratan D'Ambrosio*

Neste livro, Ubiratan D'Ambrosio apresenta seus mais recentes pensamentos sobre Etnomatemática, uma tendência da qual é um dos fundadores. Ele propicia ao leitor uma análise do papel da Matemática na cultura ocidental e da noção de que Matemática é apenas uma forma de Etnomatemática. O autor discute como a análise desenvolvida é relevante para a sala de aula. Faz ainda um arrazoado de diversos trabalhos na área já desenvolvidos no país e no exterior.

Etnomatemática em movimento
Autoras: *Gelsa Knijnik, Fernanda Wanderer, Ieda Maria Giongo, Claudia Glavam Duarte*

Integrante da coleção "Tendências em Educação Matemática", este livro traz ao público um minucioso estudo sobre os rumos da Etnomatemática, cuja referência principal é o brasileiro Ubiratan D'Ambrosio. As ideias aqui discutidas tomam como base o desenvolvimento dos estudos etnomatemáticos e a forma como o movimento de continuidades e deslocamentos tem marcado esses trabalhos, centralmente ocupados em questionar a política do conhecimento dominante. As autoras refletem aqui sobre as discussões atuais em torno das pesquisas etnomatemáticas e o percurso tomado sobre essa vertente da Educação Matemática, desde seu surgimento, nos anos 1970, até os dias atuais.

Fases das tecnologias digitais em Educação Matemática – Sala de aula e internet em movimento
Autores: *Marcelo de Carvalho Borba, Ricardo Scucuglia Rodrigues da Silva, George Gadanidis*

Com base em suas experiências enquanto docentes e pesquisadores, associadas a uma análise acerca das principais pesquisas desenvolvidas no Brasil sobre o uso de tecnologias digitais no ensino e aprendizagem de Matemática, os autores apresentam uma perspectiva fundamentada em quatro fases. Inicialmente, os leitores encontram uma descrição sobre cada uma dessas fases, o que inclui a apresentação de visões teóricas e exemplos de atividades matemáticas características em cada momento. Baseados na "perspectiva das quatro fases", os autores discutem questões sobre o atual momento (quarta fase). Especificamente, eles exploram o uso do *software* GeoGebra no estudo do conceito de derivada, a utilização da internet em sala de aula e a noção denominada performance matemática digital, que envolve as artes.

Este livro, além de sintetizar de forma retrospectiva e original uma visão sobre o uso de tecnologias em Educação Matemática, resgata e compila de maneira exemplificada questões teóricas e propostas de atividades, apontando assim inquietações importantes sobre o presente e o futuro da sala de aula de Matemática. Portanto, esta obra traz assuntos potencialmente interessantes para professores e pesquisadores que atuam na Educação Matemática.

Filosofia da Educação Matemática

Autores: *Maria Aparecida Viggiani Bicudo, Antonio Vicente Marafioti Garnica*

Neste livro, Maria Bicudo e Antonio Vicente Garnica apresentam ao leitor suas ideias sobre Filosofia da Educação Matemática. Eles propiciam ao leitor a oportunidade de refletir sobre questões relativas à Filosofia da Matemática, à Filosofia da Educação e mostram as novas perguntas que definem essa tendência em Educação Matemática. Neste livro, em vez de ver a Educação Matemática sob a ótica da Psicologia ou da própria Matemática, os autores a veem sob a ótica da Filosofia da Educação Matemática.

Formação matemática do professor – Licenciatura e prática docente escolar

Autores: *Plinio Cavalcante Moreira e Maria Manuela M. S. David*

Neste livro, os autores levantam questões fundamentais para a formação do professor de Matemática. Que Matemática deve o professor de Matemática estudar? A acadêmica ou aquela que é ensinada na escola? A partir de perguntas como essas, os autores questionam essas opções dicotômicas e apontam um terceiro caminho a ser seguido. O livro apresenta diversos exemplos do modo como os conjuntos numéricos são trabalhados na escola e na academia. Finalmente, cabe lembrar que esta publicação inova ao integrar o livro com a internet. No site da editora www.autenticaeditora.com.br, procure por Educação Matemática e pelo título "A formação matemática do professor: licenciatura e prática docente escolar", onde o leitor pode encontrar alguns textos complementares ao livro e apresentar seus comentários, críticas e sugestões, estabelecendo, assim, um diálogo online com os autores.

Informática e Educação Matemática

Autores: *Marcelo de Carvalho Borba, Miriam Godoy Penteado*

Os autores tratam de maneira inovadora e consciente da presença da informática na sala de aula quando do ensino de Matemática. Sem prender-se a clichês que entusiasmadamente apoiam o uso de computadores para o ensino de Matemática ou criticamente negam qualquer uso desse tipo, os autores citam exemplos práticos, fundamentados em explicações teóricas objetivas, de como se pode relacionar Matemática e informática em sala de aula. Tratam também de questões políticas relacionadas à adoção de computadores e calculadoras gráficas para o ensino de Matemática.

Interdisciplinaridade e aprendizagem da Matemática em sala de aula
Autores: *Vanessa Sena Tomaz e Maria Manuela M. S. David*

Como lidar com a interdisciplinaridade no ensino da Matemática? De que forma o professor pode criar um ambiente favorável que o ajude a perceber o que e como seus alunos aprendem? Essas são algumas das questões elucidadas pelas autoras neste livro, voltado não só para os envolvidos com Educação Matemática como também para os que se interessam por educação em geral. Isso porque um dos benefícios deste trabalho é a compreensão de que a Matemática está sendo chamada a engajar-se na crescente preocupação com a formação integral do aluno como cidadão, o que chama a atenção para a necessidade de tratar o ensino da disciplina levando-se em conta a complexidade do contexto social e a riqueza da visão interdisciplinar na relação entre ensino e aprendizagem, sem deixar de lado os desafios e as dificuldades dessa prática.

Para enriquecer a leitura, as autoras apresentam algumas situações ocorridas em sala de aula que mostram diferentes abordagens interdisciplinares dos conteúdos escolares e oferecem elementos para que os professores e os formadores de professores criem formas cada vez mais produtivas de se ensinar e inserir a compreensão matemática na vida do aluno.

Investigações matemáticas na sala de aula
Autores: *João Pedro da Ponte, Joana Brocardo, Hélia Oliveira*

Neste livro, os autores – todos portugueses – analisam como práticas de investigação desenvolvidas por matemáticos podem ser trazidas para a sala de aula. Eles mostram resultados de pesquisas ilustrando as vantagens e dificuldades de se trabalhar com tal perspectiva em Educação Matemática. Geração de conjecturas, reflexão e formalização do conhecimento são aspectos discutidos pelos autores ao analisarem os papéis de alunos e professores em sala de aula quando lidam com problemas em áreas como geometria, estatística e aritmética.

Lógica e linguagem cotidiana – Verdade, coerência, comunicação, argumentação
Autores: *Nílson José Machado e Marisa Ortegoza da Cunha*

Neste livro, os autores buscam ligar as experiências vividas em nosso cotidiano a noções fundamentais tanto para a Lógica como para a Matemática. Através de uma linguagem acessível, o livro possui uma forte base filosófica que sustenta a apresentação sobre Lógica e certamente ajudará a coleção a ir além dos muros do que hoje é denominado Educação Matemática. A bibliografia comentada permitirá que o leitor procure outras obras para aprofundar os temas de seu interesse, e um índice remissivo, no final do livro, permitirá que o leitor ache facilmente explicações sobre vocábulos como contradição, dilema, falácia, proposição e sofisma. Embora este livro seja recomendado a estudantes de cursos de graduação e de especialização, em todas as áreas, ele também se destina a um público mais amplo. Visite também o site *www.rc.unesp.br/igce/pgem/gpimem.html.*

Matemática e arte
Autor: *Dirceu Zaleski Filho*

Neste livro, Dirceu Zaleski Filho propõe reaproximar a Matemática e a arte no ensino. A partir de um estudo sobre a importância da relação entre essas áreas, o autor elabora aqui uma análise da contemporaneidade e oferece ao leitor uma revisão integrada da História da Matemática e da História da Arte, revelando o quão benéfica sua conciliação pode ser para o ensino. O autor sugere aqui novos caminhos para a Educação Matemática, mostrando como a Segunda Revolução Industrial – a eletroeletrônica, no século XXI – e a arte de Paul Cézanne, Pablo Picasso e, em especial, Piet Mondrian contribuíram para essa reaproximação, e como elas podem ser importantes para o ensino de Matemática em sala de aula.

Matemática e Arte é um livro imprescindível a todos os professores, alunos de graduação e de pós-graduação e, fundamentalmente, para professores da Educação Matemática.

Modelagem em Educação Matemática
Autores: *João Frederico da Costa de Azevedo Meyer, Ademir Donizeti Caldeira, Ana Paula dos Santos Malheiros*

A partir de pesquisas e da experiência adquirida em sala de aula, os autores deste livro oferecem aos leitores reflexões sobre aspectos da Modelagem e suas relações com a Educação Matemática. Esta obra mostra como essa disciplina pode funcionar como uma estratégia na qual o aluno ocupa lugar central na escolha de seu currículo.
Os autores também apresentam aqui a trajetória histórica da Modelagem e provocam discussões sobre suas relações, possibilidades e perspectivas em sala de aula, sobre diversos paradigmas educacionais e sobre a formação de professores. Para eles, a Modelagem deve ser datada, dinâmica, dialógica e diversa. A presente obra oferece um minucioso estudo sobre as bases teóricas e práticas da Modelagem e, sobretudo, a aproxima dos professores e alunos de Matemática.

O uso da calculadora nos anos iniciais do ensino fundamental
Autoras: *Ana Coelho Vieira Selva e Rute Elizabete de Souza Borba*
Neste livro, Ana Selva e Rute Borba abordam o uso da calculadora em sala de aula, desmistificando preconceitos e demonstrando a grande contribuição dessa ferramenta para o processo de aprendizagem da Matemática. As autoras apresentam pesquisas, analisam propostas de uso da calculadora em livros didáticos e descrevem experiências inovadoras em sala de aula em que a calculadora possibilitou avanços nos conhecimentos matemáticos dos estudantes dos anos iniciais do ensino fundamental. Trazem também diversas sugestões de uso da calculadora na sala de aula que podem contribuir para um novo olhar, por parte dos professores, para o uso dessa ferramenta no cotidiano da escola.

Pesquisa em ensino e sala de aula – Diferentes vozes em uma investigação
Autores: *Marcelo de Carvalho Borba, Helber Rangel Formiga Leite de Almeida, Telma Aparecida de Souza Gracias*
Pesquisa em ensino e sala de aula: diferentes vozes em uma investigação não se trata apenas de uma obra sobre metodologia de pesquisa: neste livro, os autores abordam diversos aspectos da pesquisa em ensino e suas relações com a sala de aula. Motivados por uma pergunta provocadora, eles apontam que as pesquisas em ensino são instigadas pela vivência dos professores em suas salas de aulas, e esse "cotidiano" dispara inquietações acerca de sua atuação, de sua formação, entre outras. Ainda, os autores lançam mão da metáfora das "vozes" para indicar que o pesquisador, seja iniciante ou mesmo experiente, não está sozinho em uma pesquisa, ele "escuta" a literatura e os referenciais teóricos e os entrelaça com a metodologia e os dados produzidos.

Pesquisa Qualitativa em Educação Matemática
Organizadores: *Marcelo de Carvalho Borba, Jussara de Loiola Araújo*
Os autores apresentam, neste livro, algumas das principais tendências no que tem sido denominado "Pesquisa Qualitativa em Educação Matemática". Essa visão de pesquisa está baseada na ideia de que há sempre um aspecto subjetivo no conhecimento produzido. Não há, nessa visão, neutralidade no conhecimento que se constrói. Os quatro capítulos explicam quatro linhas de pesquisa em Educação Matemática, na vertente qualitativa, que são representativas do que de importante vem sendo feito no Brasil. São capítulos que revelam a originalidade de seus autores na criação de novas direções de pesquisa.

Psicologia na Educação Matemática
Autor: *Jorge Tarcísio da Rocha Falcão*
Neste livro, o autor apresenta ao leitor a Psicologia da Educação Matemática, embasando sua visão em duas partes. Na primeira, ele discute

temas como psicologia do desenvolvimento e psicologia escolar e da aprendizagem, mostrando como um novo domínio emerge dentro dessas áreas mais tradicionais. Em segundo lugar, são apresentados resultados de pesquisa, fazendo a conexão com a prática daqueles que militam na sala de aula. O autor defende a especificidade deste novo domínio, na medida em que é relevante considerar o objeto da aprendizagem, e sugere que a leitura deste livro seja complementada por outros desta coleção, como *Didática da Matemática: sua influência francesa, Informática e Educação Matemática e Filosofia da Educação Matemática*.

Relações de gênero, Educação Matemática e discurso – Enunciados sobre mulheres, homens e matemática
Autoras: *Maria Celeste Reis Fernandes de Souza, Maria da Conceição F. R. Fonseca*

Neste livro, as autoras nos convidam a refletir sobre o modo como as relações de gênero permeiam as práticas educativas, em particular as que se constituem no âmbito da Educação Matemática. Destacando o caráter discursivo dessas relações, a obra entrelaça os conceitos de *gênero*, *discurso* e *numeramento* para discutir enunciados envolvendo mulheres, homens e Matemática. As autoras elegeram quatro enunciados que circulam recorrentemente em diversas práticas sociais: "Homem é melhor em Matemática (do que mulher)"; "Mulher cuida melhor... mas precisa ser cuidada"; "O que é escrito vale mais" e "Mulher também tem direitos". A análise que elas propõem aqui mostra como os discursos sobre relações de gênero e matemática repercutem e produzem desigualdades, impregnando um amplo espectro de experiências que abrange aspectos afetivos e laborais da vida doméstica, relações de trabalho e modos de produção, produtos e estratégias da mídia, instâncias e preceitos legais e o cotidiano escolar.

Tendências internacionais em formação de professores de Matemática
Organizador: *Marcelo de Carvalho Borba*

Neste livro, alguns dos mais importantes pesquisadores em Educação Matemática, que trabalham em países como África do Sul, Estados Unidos, Israel, Dinamarca e diversas Ilhas do Pacífico, nos trazem resultados dos trabalhos desenvolvidos. Esses resultados e os dilemas apresentados por esses autores de renome internacional são complementados pelos comentários que Marcelo C. Borba faz na apresentação, buscando relacionar as experiências deles com aquelas vividas por nós no Brasil. Borba aproveita também para propor alguns problemas em aberto, que não foram tratados por eles, além de destacar um exemplo de investigação sobre a formação de professores de Matemática que foi desenvolvida no Brasil.

Este livro foi composto com tipografia Minion Pro e impresso
em papel Off-White 70 g/m² na Formato Artes Gráficas.